四川警察学院应用型人才培养实践成果

2019 年四川省首批地方普通本科高校应用型示范课程（计算机网络）建设成果

2019 年四川省精品在线开放课程（计算机网络）建设成果

高级网络技术实践

王　刚　杨兴春　王方华　编　著

西南交通大学出版社

·成　都·

内容简介

《高级网络技术实践》是一本由教学一线"双师双能型"教师和创业训练大学生编写的关于网络工程实践和网络执法技术方面的书籍。该书是对 2019 年编写出版的《计算机网络技术实践》一书的延伸和深化，内容包括：DHCP 技术、DHCP 中继技术、MSTP 及其保护技术、网络可靠性技术、IP 组播技术、IPv6 静态路由技术、RIPng 技术、OSPFv3 动态路由技术、Mux VLAN 技术和 MPLS 技术、信息化技战法等。

本书对上述技术在网络设备上进行了实践，给出了具体的网络拓扑结构、实现要求、配置命令和命令注释等。

本书既适合计算机科学与技术、网络工程、网络安全与执法等相关专业的本科生或研究生作教材使用，又适合参加全国计算机技术与软件专业技术网络工程师（中级）考试和网络规划设计师（高级）考试的读者参考使用，还适合有志于从事网络工程和网络安全执法工作的高层次技术人员学习使用。

图书在版编目（ＣＩＰ）数据

高级网络技术实践 / 王刚，杨兴春，王方华编著
. —成都：西南交通大学出版社，2020.9
ISBN 978-7-5643-7661-1

Ⅰ. ①高… Ⅱ. ①王… ②杨… ③王… Ⅲ. ①计算机网络 Ⅳ. ①TP393

中国版本图书馆 CIP 数据核字（2020）第 182087 号

Gaoji Wangluo Jishu Shijian

高级网络技术实践

王　刚　杨兴春　王方华／编　著

责任编辑／穆　丰
封面设计／GT 工作室

西南交通大学出版社出版发行

（四川省成都市金牛区二环路北一段 111 号西南交通大学创新大厦 21 楼　610031）
发行部电话：028-87600564　028-87600533
网址：http://www.xnjdcbs.com
印刷：成都蜀雅印务有限公司

成品尺寸　185 mm×260 mm
印张　9.25　字数　225 千
版次　2020 年 9 月第 1 版　印次　2020 年 9 月第 1 次

书号　ISBN 978-7-5643-7661-1
定价　30.00 元

前　言

随着"互联网+"时代的到来，以及物联网、云计算、大数据等新技术的深入应用，社会诸多行业越来越需要大量的高级网络技术人才。培养高级网络技术人才离不开教材，本书是作者多年从事高级网络技术实践的结晶，希望能为大学生和网络工程技术人员快速成才提供有价值的高级网络技术学习和参考读物。

为满足新时代各行业对高层次网络人才的需求，**培养我国网络强国战略下的高级网络技术人才**，提高人才培养质量及其高级网络技术实践能力，本书在已经出版的《计算机网络技术实践》基础上，给出了若干高级网络技术，包括 DHCP 中继技术、MSTP 及保护技术、网络可靠性技术、IP 组播技术，以及 IPv6 静态路由和 RIPng、OSPFv3 动态路由技术，Mux VLAN 技术和 MPLS 技术，信息化技战法。

随着网络技术的快速发展，考虑到品牌交换机、路由器等设备在市场占有率的变化以及建设网络强国的需要，本书在交换机和路由器的配置技术方面，以介绍华为设备的配置为主。

作者通过 20 余年对计算机科学与技术、网络安全与执法、刑事科学技术等专业本科生讲授网络课程的教学体会，并结合多年网络技术实践和网络安全执法警务实战，对常见的网络应用技术进行了剖析，特别是对网络设备的高级配置技术进行了深入研究，并给出了具体的配置实例和命令解释。

本书的主要特点：

一是**可读性好**。凡是需要用户输入的配置命令，书中均用加粗的 Times New Roman 字体表示，并给出了必要的命令注释，以帮助读者理解。建议读者循序渐进地阅读本书。前面已给出注释的命令在其后面的专题中出现时，可能不会给出重复注释。

二是**操作性强**。书中给出了详细的配置步骤、配置命令及命令含义，解决具体问题时都给出了操作步骤和需要注意的事项。

三是**真实性**。所有命令均在真实硬件设备或华为 eNSP 模拟器环境中测试通过。

四是**服务公安工作**。本书第 2 章、第 3 章、第 4 章、第 5 章的技术能够应用到公安机关局域网组网和运维管理之中。第 6 章 6.3 节技术用于信息化执法技术。

本书由王刚、杨兴春、王方华等编著，参与编写的还有王茂老师和敬可佳、殷俊潇、丁润石、郭佑铭、兰子晗、向泳齐、张琦燊、林昱江同学等。全书由王刚、杨兴春负责统稿，杨羿天、王映月参与校稿。

本书共 6 章，四川警察学院王刚教授（国家网络工程师）负责编写第 1 章、第 5 章 5.3 节、第 6 章 6.3 节；四川警察学院杨兴春副教授（国家网络工程师）负责编写第 3 章 3.2 节、3.3 节、第 5 章 5.4 节和第 6 章 6.4 节；王方华老师负责第 5 章 5.1 节，王茂老师负责编写第 5 章 5.2 节。

本书其他的内容是 3 个省级以上（含）大学生创新创业训练计划项目成果，具体如下：第 2 章 2.1 节、2.2 节和第 6 章 6.2 节是国家级和四川省大学生创新创业训练计划"高级网络技术实践 —— MSTP、MSTP/RSTP 保护和 MPLS"（201912212018X）的成果，该成果在王刚教授指导下，由项目团队组敬可佳（负责人）、郭佑铭、兰子晗、张悦莘共同取得并整理编写而成。本书第 3 章 3.1 节、第 4 章 4.4 节和第 6 章 6.1 节内容是国家级和四川省大学生创新创业训练计划项目"高级网络技术实践 —— Mux VLAN、RPF 校验和 VRRP"（201912212020X）的成果，该成果在杨兴春副教授指导下，由项目团队组丁润石（负责人）、王雪倩、董彬（刑技 1804）共同取得并整理编写而成。本书第 4 章 4.1 节、4.2 节和 4.3 节内容是四川省大学生创新创业训练计划项目"高级网络技术实践 —— IGMP 协议、PIM-DM 和 PIM-SM"（S201912212093X）的成果，该成果在王方华老师指导下，由项目团队组殷俊潇（负责人）、张琦燊、向泳齐、林昱江共同取得并整理编写而成。

在本书的编写过程中，得到了四川省公安厅九大战训基地"公安信息化技战法"课程组谢伯栋组长、石峰大队长、陈卓大队长等教官团队的大力支持，引用了课程研讨的部分成果，在此表示衷心感谢。

本书可作为"高级计算机网络""现代网络技术""网络管理技术"等课程的上机实验教材，既适合计算机科学与技术、网络工程、网络安全与执法等相关专业的本科生或研究生使用，又适合参加全国计算机技术与软件专业技术网络工程师考试（中级）和网络规划设计师考试（高级）的读者参考使用，还适合有志于从事网络工程技术和网络执法高层次技术人员学习使用。本书中的部分内容视频参见计算机网络在线课程（http://www.xueyinonline.com/detail/205608594），并选择适当的期次，注册后免费学习；读者也可通过手机安装"学习通"App（手机软件），在首页的"学习资料"中，查找课程，输入"计算机网络"，在结果中选择王刚（四川警察学院开设）主讲的在线课程，进行报名注册学习。

在本书的编写过程中，由于作者网络工程技术水平有限，时间仓促，疏漏与不足之处在所难免，敬请专家、读者批评斧正，并提出宝贵意见，本书作者电子邮件联系方式：124357009@qq.com，yangxc2004@163.com。

本书得到了下面 8 个项目的资助：

（1）四川省教育厅重点教改课题"转型发展 实战导向：新时代应用型警务人才培养模式改革与实践"（编号：JG2018-870）资助。

（2）四川省科技厅重点项目"340MHz 公安无线宽带专网关键技术研究"（2019YFS0068）资助。

（3）四川省教育厅项目"基于公钥密码体制的 RFID 安全协议研究"（18ZB0408）资助。

（4）四川警察学院校级教改重点项目"公安技术类专业面向实战的网络课程群建设与实践"（编号：2019ZD08）资助。

（5）四川警察学院网络技术类"课程思政"示范教学团队项目（SZ-TD05）资助。

（6）四川省大学生创新创业训练计划项目（S201912212018X）和国家级大学生创新创业训练计划"高级网络技术实践——MSTP、MSTP/RSTP 保护和

MPLS"（201912212018X）资助。

（7）四川省大学生创新创业训练计划项目（S201912212020X）和国家级大学生创新创业训练计划"高级网络技术实践 ——Mux VLAN、RPF 校验和 VRRP"（201912212020X）资助。

（8）四川省大学生创新创业训练计划项目"高级网络技术实践 ——IGMP 协议、PIM-DM 和 PIM-SM"（S201912212093X）的资助。

编 者

2020 年 6 月

目 录

第 1 章　DHCP 技术

1.1　基于华为设备的 DHCP 技术

华为路由器提供的 DHCP（动态主机配置协议）服务功能，可以有两种配置方式：第一种是基于接口地址池的配置方式，该方式的特点是仅为路由器接口连接的同一子网 DHCP 客户端动态分配 IP 地址、子网掩码、默认网关等配置信息；第二种是基于全局地址池的配置方式，该方式的特点是路由器不仅能够为本地接口配置 IP 地址等信息，还能为非直连的 DHCP 客户端配置 IP 地址等信息。本节将介绍华为设备基于全局地址池方式的 DHCP 配置技术，配置命令和功能如表 1-1 所示。

表 1-1　华为设备 DHCP 服务配置命令及其功能

命令	功能
ip pool <地址池名>	创建 DHCP 地址池,进入配置模式
network <网络地址> **mask** <子网掩码>	设定地址池的网络和子网掩码
excluded-ip-address <开始 IP 地址> [结束 IP 地址]	设定不使用 DHCP 的地址范围
gateway-list　address [...]	为 DHCP 客户端设定网关
dns-list <域名服务器 IP 地址>	设定 DNS 服务器 IP 地址
lease day <天数> **hour** <时数> **minute** <分钟数>	设定 DHCP 客户端租期
domain-name <域名>	为 DHCP 客户设定域名字符串
[Huawei]**interface** <接口名>	设置启用 DHCP 服务华为设备的接口 IP 地址
[Huawei-interface]**dhcp select global**	使接口工作在全局地址池模式

1.1.1　网络拓扑结构

华为设备基于全局地址池方式的 DHCP 配置网络拓扑结构如图 1-1 所示。

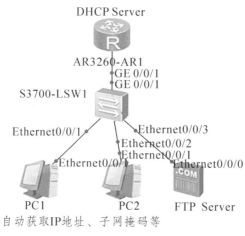

图 1-1　DHCP 配置网络拓扑

1.1.2　具体要求

要求给 PC1、PC2 和 FTP 服务器自动分配 IP 地址、默认网关、租期等信息，具体要求如下：

（1）地址池：192.168.1.0/24。

（2）网关地址：192.168.1.254。

（3）为 FTP 服务器（54-89-98-DA-2A-62）分配 IP 地址：192.168.1.1。

（4）保留 8 个 IP 地址（192.168.1.2 ~ 192.168.1.9）暂不分配，为即将安装的网络打印机等设备预留。

（5）IP 地址租期为 6 天 12 小时。

1.1.3　DHCP 配置技术

准备：根据图 1-1 所示的网络拓扑结构，在华为 eNSP 模拟器中，正确连接路由器、交换机、服务器和自动获取 IP 地址的 PC 机。

第 1 步：在路由器上配置接口 IP 地址和子网掩码。

\<Huawei\>**undo　terminal　monitor**

Info: Current terminal monitor is off.

\<Huawei\>**system-view**

[Huawei]**sysname　R1_DHCPServer**

[R1_DHCPServer]**interface g0/0/1**

[R1_DHCPServer-GigabitEthernet0/0/1]**ip address 192.168.1.254　24**

[R1_DHCPServer-GigabitEthernet0/0/1]**quit**

第 2 步：在路由器上创建 IP 地址池、默认网关地址、子网掩码、租期。

[R1_DHCPServer]**ip pool wgpool1**

Info: It's successful to create an IP address pool.

[R1_DHCPServer-ip-pool-wgpool1]**network 192.168.1.0 mask 24**　　（创建IP地址池）

[R1_DHCPServer-ip-pool-wgpool1]**gateway-list 192.168.1.254**　　（设置默认网关地址）

[R1_DHCPServer-ip-pool-wgpool1]**excluded-ip-address 192.168.1.2 192.168.1.9**　（设定不
分配的IP
地址）

[R1_DHCPServer-ip-pool-wgpool1]**static-bind ip-address 192.168.1.1 mac-address**

5489-98DA-2A62

[R1_DHCPServer-ip-pool-wgpool1]**lease day ?**　　　　　　（查看租期命令的帮助信息）

　INTEGER<0-999>　Day, from 0 to 999

[R1_DHCPServer-ip-pool-wgpool1]**lease day　6　?**

　hour　Hour, from 0 to 23

　<cr>　Please press ENTER to execute command

[R1_DHCPServer-ip-pool-wgpool1]**lease day 6 hour 12**

[R1_DHCPServer-ip-pool-wgpool1]**quit**

第 3 步：在路由器上启用 DHCP 功能。

[R1_DHCPServer]**dhcp enable**　　　　　　　　　（在当前路由器启用DHCP功能）

第 4 步：在路由器相应接口上启用 DHCP 功能并指定接口使用全局地址池。

[R1_DHCPServer]**interface g0/0/1**

[R1_DHCPServer-GigabitEthernet0/0/1]**dhcp select global**　（使用全局地址池命令）

[R1_DHCPServer-GigabitEthernet0/0/1]

第 5 步：将 PC 机等设为自动获取 IP 地址模式。主机 PC1 的设置如图 1-2 所示，加入网络后获取信息如图 1-3 所示。

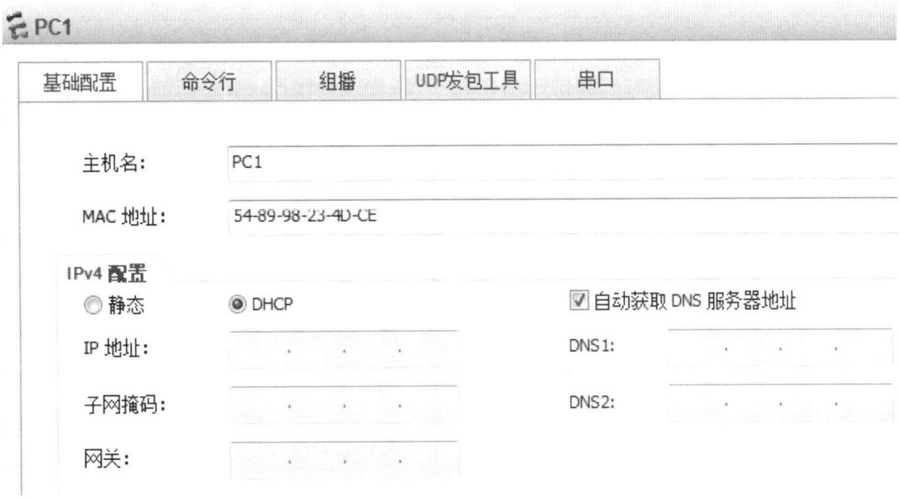

图 1-2　设置主机 PC1 为自动获取 IP 地址模式

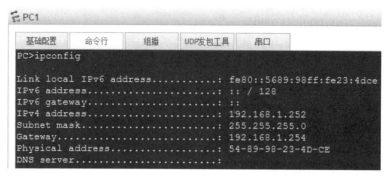

图 1-3 主机 PC1 自动获取的 IP 地址、子网掩码和默认网关等信息

第 6 步：查看 IP 地址池信息和被使用的 IP 地址数。

<R1_DHCPServer>**display ip pool name wgpool1**

Pool-name	: wgpool1
Pool-No	: 0
Lease	: 6 Days 12 Hours 0 Minutes
Domain-name	: -
DNS-server0	: -
NBNS-server0	: -
Netbios-type	: -
Position	: Local Status : Unlocked
Gateway-0	: 192.168.1.254
Mask	: 255.255.255.0
VPN instance	: --

Start	End	Total	Used	Idle(Expired)	Conflict	Disable
192.168.1.1	192.168.1.254	253	3	242(0)	0	8

<R1_DHCPServer>

从显示结果来看，该地址池名为 wgpool1，租期为 6 天 12 小时 0 分，网关地址是 192.168.1.254，子网掩码是 255.255.255.0，地址池中开始地址是 192.168.1.1，结束地址是 192.168.1.254，已有 3 个地址被客户端自动获取后使用，有 8 个地址被排除了（不能自动分配给其他主机）。

1.2 基于华为设备的 DHCP 中继技术

通过 DHCP 中继技术，可以实现 DHCP 服务器为非本网段主机自动分配 IP 地址、子网掩码、默认网关等功能。在无线局域网、校园网等场合，可以集中在某台高性能的设备中创建一个或多个 DHCP 地址池，并启用全局地址池；在需要自动分配 IP 地址的 DHCP 客户端所属的 IP 子网中部署 DHCP 中继，这样避免了在每个网段都需要配置 DHCP 服务的麻烦。DHCP 中继，也叫作 DHCP 中继代理(DHCP Relay Agent)。

1.2.1 DHCP 中继网络拓扑结构

DHCP 中继网络拓扑结构如图 1-4 所示。

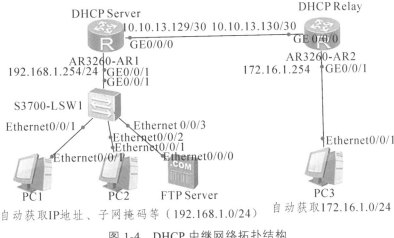

图 1-4 DHCP 中继网络拓扑结构

1.2.2 具体要求

（1）根据图 1-4 所示，设置 AR1、AR2 各接口的 IP 地址。

（2）在 AR1 上配置 DHCP 服务：网络地址池为 172.16.1.0/24，默认网关 172.16.1.254，租期 7 天。

（3）AR1 为 AR2 的 GE0/0/1 接口连接的网段（172.16.1.0/24）中主机 PC3 自动分配 IP 地址、子网掩码和默认网关等信息。

1.2.3 DHCP 中继技术

准备：根据图 1-4 所示网络拓扑结构，在华为 eNSP 模拟器中，正确连接各设备。注意路由器接口名可以不同，但 IP 地址必须相同。

第 1 步：在路由器 AR1、AR2 上配置接口 IP 地址和子网掩码。此步略，方法请参见 1.1.3 节。

第 2 步：在路由器 AR1 上创建 IP 地址池为 172.16.1.0/24，子网掩码是 255.255.255.0，默认网关地址为 172.16.1.254，租期为 7 天。

<Huawei>**system-view**

[Huawei]**sysname** **R1_DHCPServer**

[R1_DHCPServer]**ip** **pool** **wgpool2**

Info: It's successful to create an IP address pool.

[R1_DHCPServer-ip-pool-wgpool2]**network** **172.16.1.0** **mask** **24**

[R1_DHCPServer-ip-pool-wgpool2]**gateway-list** **172.16.1.254** **?**

　IP_ADDR<X.X.X.X>　　Gateway's IP address

　<cr>　　　　　　　　Please press ENTER to execute command

[R1_DHCPServer-ip-pool-wgpool2]**gateway-list** **172.16.1.254**

[R1_DHCPServer-ip-pool-wgpool2]**lease** **day** **7**

[R1_DHCPServer-ip-pool-wgpool2]**quit**

[R1_DHCPServer]**interface** **g0/0/0**

[R1_DHCPServer-GigabitEthernet0/0/0]**dhcp** **select** **global** （使用全局地址池命令）

[R1_DHCPServer-GigabitEthernet0/0/0]**ip address 10.10.13.129** **30**

[R1_DHCPServer-GigabitEthernet0/0/0]

第 3 步：把 AR2 配置为 DHCP 中继代理。

[Huawei]**sysname** **DHCP_Relay**

[DHCP_Relay]**dhcp** **enable**

[DHCP_Relay]**interface** **g0/0/0**

[DHCP_Relay-GigabitEthernet0/0/0]**ip** **address 10.10.13.130** **30**

[DHCP_Relay-GigabitEthernet0/0/0]**interface** **g0/0/1**

[DHCP_Relay-GigabitEthernet0/0/1]**ip** **address** **172.16.1.254** **24**

[DHCP_Relay-GigabitEthernet0/0/1]**dhcp** **select** **?**

　global　　　Local server

　interface　Interface server pool

　relay　　　DHCP relay

[DHCP_Relay-GigabitEthernet0/0/1]**dhcp** **select** **relay** （启用DHCP中继代理功能）

[DHCP_Relay-GigabitEthernet0/0/1]**dhcp** **relay** **server-ip** **10.10.13.129**（指定对端的
DHCP服务器IP地址）

[DHCP_Relay-GigabitEthernet0/0/1]**quit**

<DHCP_Relay>**save**

此时测试，可以测试 PC3 是否获取到自动分配的 IP 地址等配置参数，如图 1-5 所示。

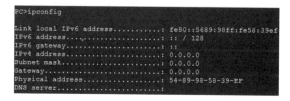

图 1-5　测试 PC3 是否获取 IP 地址等配置参数

从图 1-5 的结果可以看出，PC3 获取的 IP 地址为 0.0.0.0，说明没有成功获取到 IP 地址等参数。根据 DHCP 客户机与服务器的四次握手原理分析，配置 DHCP 服务的 AR1 不知道如何把 DHCP 应答（DHCP Offer）发送到相应的网段，所以需要配置路由。这里以静态路由为例。

第 4 步：配置 DHCP Server 到 DHCP Relay 的静态路由。

[R1_DHCPServer]**ip   route-static   172.16.1.0   255.255.255.0   10.10.13.130**

[R1_DHCPServer]**ip   route-static   172.16.2.0   255.255.255.0   10.10.13.130**

[R1_DHCPServer]**return**

<R1_DHCPServer>**save**

再测试 PC3 是否自动获取到了 IP 地址、子网掩码等信息，如图 1-6 所示。

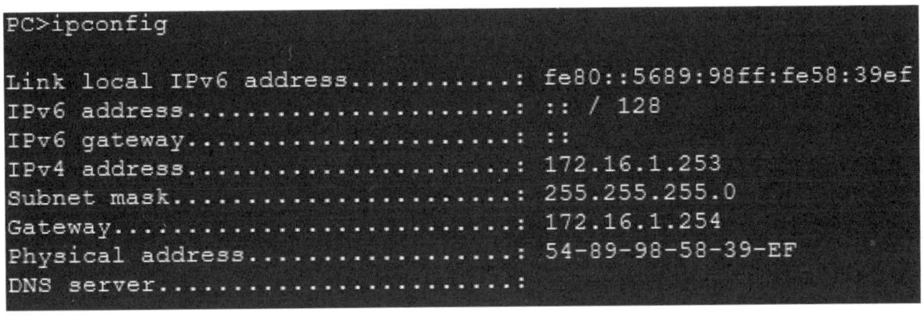

```
PC>ipconfig

Link local IPv6 address...........: fe80::5689:98ff:fe58:39ef
IPv6 address......................: :: / 128
IPv6 gateway......................: ::
IPv4 address......................: 172.16.1.253
Subnet mask.......................: 255.255.255.0
Gateway...........................: 172.16.1.254
Physical address..................: 54-89-98-58-39-EF
DNS server........................:
```

图 1-6   配置路由后的 PC3 自动获取的 IP 地址

从图 1-6 的结果可以看出，PC3 自动获取的 IP 地址为 172.16.1.253、子网掩码为 255.255.255.0、默认网关为 172.16.1.254，在真实主机中还有租期。上述结果说明了 DHCP 服务和 DHCP 中继代理配置成功。

在真实设备中还可以继续测试。例如在客户端的命令提示符状态输入 **ipconfig /release**，表示释放已自动分配的 IP 地址；输入 **ipconfig /renew**，表示重新申请 IP 地址。

2.1 MSTP 概述及技术实现

在《计算机网络技术实践》第 3 章中，我们曾经介绍了 STP 技术和 RSTP 技术。与 STP/RSTP 基于端口不同，MSTP 是基于实例的。MSTP（Multiple Spanning Tree Protocol，多生成树协议），是 IEEE802.1s 中定义的一种新生成树协议，该协议在 STP/RSTP 协议的基础上引入了域（region）和实例（instance）的概念。一个实例可以与一个或者多个 VLAN 对应，但一个 VLAN 只能与一个实例对应。这种通过多个 VLAN 捆绑到一个实例中的方法可以节省通信开销和资源占用率，除实例 0 外的其他实例叫作多生成树实例 MSTI（Multiple Spanning Tree Instance）。

相同 MST 域（Multiple Spanning Tree Region）的设备具有下列特点：

（1）都启动了多生成树 MSTP 协议。

（2）具有相同的域名。华为交换机中域名最大长度为 32 个字符。

（3）具有相同的 VLAN 到生成树实例映射配置。例如在域中每个交换机的 VLAN2~VLAN6 映射到实例 1 中，VLAN7~VLAN10 映射到实例 2 当中。缺省情况下，所有的 VLAN 都映射到实例 0 上。

（4）具有相同的 MSTP 修订级别配置。

MSTP 允许局域网中存在多个 MST 域，每个 MST 域之间在物理上直接或间接相连。网络工程师可以通过命令把多台交换设备划分在同一个 MST 域内。例如图 2-1 中，名为 Region1 的 MST 域中有 4 台交换机，分别取名为 SA、SB、SC 和 SD。

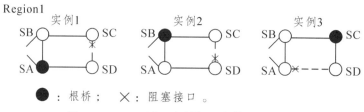

图 2-1　MSTP 域、实例与阻塞接口关系图

MSTP 以实例为计算单位，各个实例独立破除环路，如图 2-1 中的 3 个实例中，每个实例都是消除了环路，建立了无回路的树状结构网络。在实例 1 中 SA 是根桥，SC 与 SD 相连的接口处于阻塞状态；在实例 2 中 SB 是根桥，SD 与 SC 相连的接口处于阻塞状态；在实

3 中 SC 是根桥，SA 与 SD 相连的接口处于阻塞状态。

MSTP 具有 VLAN 认知能力，通过 VLAN 和实例的映射，可以在这些实例上实现负载均衡。下面介绍有关 MSTP 的综合实现技术。

2.1.1　网络拓扑结构

华为 MSTP 拓扑结构如图 2-2 所示。

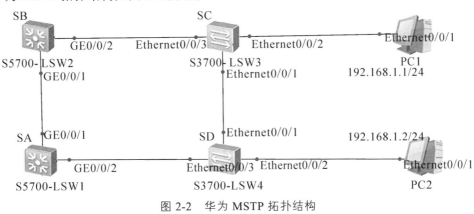

图 2-2　华为 MSTP 拓扑结构

2.1.2　具体要求

（1）在 4 台华为交换机 SA、SB、SC、SD 上都启用 MSTP，创建 MST 域，名为 domain1。配置这四台交换机到域名为 domain1 的域内，创建实例 1 和实例 2。

（2）为实现 VLAN2 ~ VLAN10 和 VLAN11 ~ VLAN20 的流量负载分担，MSTP 引入了多实例，使得多生成树实例 1 与 VLAN2 ~ VLAN10 建立映射关系，多生成树实例 2 与 VLAN11 ~ VLAN20 建立映射关系。

（3）在两个实例内配置根桥和备份根桥：实例 1（MSTI1）内使得 SA 是根桥，SB 是备份根桥，SC 的 Ethernet0/0/1 端口处于阻塞状态；实例 2（MSTI2）内使得 SB 是根桥、SA 是备份根桥，SD 的 Ethernet0/0/1 端口处于阻塞状态。

（4）在处于环形网络中的交换设备上配置 MSTP 基本功能。与 PC 相连的端口不用参与 MSTP 计算，将其设置为边缘端口。

（5）配置设备的 VLAN 和中继链路。

（6）测试验证。结果正确后，保存配置命令。

2.1.3　配置技术

配置包括 4 步：配置 MST 域并建立实例与 VLAN 之间的映射关系；配置各实例的根桥

与备份根桥，启动 MSTP 模式并设置阻塞端口、边缘接口；配置处于环网中的设备 VLAN 和中继链路；验证配置结果并保存。

第 1 步：配置 MST 域并建立实例与 VLAN 之间的映射关系。

#配置华为交换机 SA 的 MST 域，域名为 domain1，并建立实例 1 与 VLAN2 ~ VLAN10 映射关系，实例 2 与 VLAN11 ~ VLAN20 映射关系。

```
<Huawei>undo terminal monitor

<Huawei> system-view
[Huawei] sysname SA
[SA] stp region-configuration
[SA-mst-region] region-name domain1
[SA-mst-region] instance 1 vlan 2 to 10
[SA-mst-region] instance 2 vlan 11 to 20
[SA-mst-region] active region-configuration
[SA-mst-region] quit
```

#配置华为交换机 SB 的 MST 域，并建立实例 1 与 VLAN2 ~ VLAN10 映射关系，实例 2 与 VLAN11 ~ VLAN20 映射关系。

```
<Huawei>system-view
[Huawei]sysname SB
[SB] stp region-configuration
[SB-mst-region] region-name domain1
[SB-mst-region] instance 1 vlan 2 to 10
[SB-mst-region] instance 2 vlan 11 to 20
[SB-mst-region] active region-configuration
[SB-mst-region] quit
```

#配置华为交换机 SC 的 MST 域，并建立实例 1 与 VLAN2 ~ VLAN10 映射关系，实例 2 与 VLAN11 ~ VLAN20 映射关系。

```
<Huawei>system-view
[Huawei]sysname SC
[SC] stp region-configuration
[SC-mst-region] region-name domain1
[SC-mst-region] instance 1 vlan 2 to 10
[SC-mst-region] instance 2 vlan 11 to 20
[SC-mst-region] active region-configuration
[SC-mst-region] quit
```

#配置华为交换机 SD 的 MST 域，并建立实例 1 与 VLAN2~VLAN10 映射关系，实例 2 与 VLAN11~VLAN20 映射关系。

```
<Huawei> system-view
[Huawei]sysname SD
[SD] stp region-configuration
[SD-mst-region] region-name domain1
[SD-mst-region] instance 1 vlan 2 to 10
[SD-mst-region] instance 2 vlan 11 to 20
[SD-mst-region] active region-configuration
[SD-mst-region] quit
```

第 2 步：在域 domain1 内，配置各实例的根桥与备份根桥，启动 MSTP 模式并设置阻塞端口、边缘接口。

#实例 1 中配置 SA 是根桥、SB 是备份根桥。

[SA]stp instance 1 priority ？   （查看SA中实例1优先级设置的帮助信息）
　　INTEGER<0-61440>   Bridge priority, in steps of 4096

```
    [SA] stp instance 1   priority  4096   （配置 SA 为实例 1 的优先值为 4096, 根桥）
    [SB] stp instance 1   priority  8192   （配置 SB 为实例 1 的优先值为 8192,备份根桥）
```

优先值小的，其优先级高。在交换机中，将优先值分为 16 个等级，每个等级之间的值相差 4096，即：0，4096，8192，12288，16384，20480，24576，28672，32768，36864，40960，45056，49152，53248，57344，61440。交换机默认优先值是 32768。

#实例 2 中配置 SB 为根桥、SA 为备份根桥。

```
    [SB] stp instance 2   priority   4096   （配置 SB 为实例 2 的根桥）
    [SA] stp instance 2   priority   8192   （配置 SA 为实例 2 的备份桥）
```

下面配置实例 1 和实例 2，设置被阻塞端口的路径开销值大于缺省值。端口路径开销值取值范围由路径开销计算方法决定，这里选择使用华为计算方法，配置实例 1 和实例 2 中将被阻塞端口的路径开销值为 20000。在这里为什么要这样设置呢？因为在快速以太网中，若采用华为私有计算方法，则百兆口路径开销推荐值范围为 20~2000，这里把端口路径开销值配置得相对较大，以使其在生成树算法中被选举成为阻塞端口，阻塞其所在链路。

```
    [SA]stp pathcost-standard legacy   （配置 SA 的端口路径开销值的计算方法为华为计算
                                          方法）

    [SB]stp pathcost-standard legacy   （配置 SB 的端口路径开销值的计算方法为华为计算
                                          方法）

    [SC] stp pathcost-standard legacy
    [SC] interface ethernet 0/0/1
    [SC-Ethernet0/0/1] stp instance 1 cost 20000   （将当前端口在实例 1 中的路径开销值配置
```

为 20000）

```
[SC-Ethernet0/0/1] quit
[SD] stp pathcost-standard legacy
[SD] interface ethernet 0/0/1
[SD-Ethernet0/0/1] stp instance 2 cost 20000
[SD-Ethernet0/0/1] quit
```

#在四台交换机上全局使能 MSTP，将 SC、SD 与终端相连的端口设置为边缘端口。

```
[SA]stp enable              （在交换机 SA 上启动 STP）
[SA]stp mode mstp           （配置当前交换机工作在 MSTP 模式）
[SB]stp enable
[SB]stp mode mstp
[SC]stp enable
[SC]stp mode mstp
[SC] interface   e0/0/2
[SC-Ethernet0/0/2] stp edged-port enable    （配置 SC 的 Ethernet0/0/2 接口为边缘端口）
[SC-Ethernet0/0/2] quit
[SD]stp enable
[SD]stp mode mstp
[SD]interface e0/0/2
[SD-Ethernet0/0/2]stp edged-port enable     （配置 SD 的 Ethernet0/0/2 接口为边缘端口）
[SD-Ethernet0/0/2]quit
```

第 3 步：配置环网中设备的 VLAN 和中继链路。

#在交换设备 SA、SB、SC 和 SD 上创建 VLAN2 ~ VLAN20。

```
[SA] vlan batch 2 to 20   （在 SA 上批量创建 VLAN2、VLAN3 一直到 VLAN20）
[SB] vlan batch 2 to 20
[SC] vlan batch 2 to 20
[SD] vlan batch 2 to 20
```

如拓扑结构所示，需要将 SA 的 Ethernet0/0/1 接口和 Ethernet0/0/2 接口、SB 的 Ethernet0/0/1 接口和 Ethernet0/0/2 接口、SC 的 Ethernet0/0/1 接口和 Ethernet0/0/3 接口、SD 的 Ethernet0/0/1 接口和 Ethernet0/0/3 接口设置为中继接口，允许 VLAN2 ~ VLAN20 的数据包通过。

将 SA 端口 Ethernet0/0/1 设为中继接口，并允许所有 VLAN 通过。

```
[SA] interface ethernet 0/0/1
[SA-Ethernet0/0/1] port link-type trunk
```

[SA-Ethernet0/0/1] **port trunk allow-pass vlan 2 to 20**

[SA-Ethernet0/0/1] **quit**

\# 将 SA 端口 Ethernet0/0/2 设为中继接口，并允许所有 VLAN 通过。

[SA] **interface ethernet 0/0/2**

[SA-Ethernet0/0/2] **port link-type trunk**

[SA-Ethernet0/0/2] **port trunk allow-pass vlan 2 to 20**

[SA-Ethernet0/0/2] **quit**

\# 将 SB 端口 Ethernet0/0/1 设为中继接口，并允许所有 VLAN 通过。

[SB] **interface ethernet 0/0/1**

[SB-Ethernet0/0/1] **port link-type trunk**

[SB-Ethernet0/0/1] **port trunk allow-pass vlan 2 to 20**

[SB-Ethernet0/0/1] **quit**

\# 将 SB 端口 Ethernet0/0/2 设为中继接口，并允许所有 VLAN 通过。

[SB] **interface ethernet 0/0/2**

[SB-Ethernet0/0/2] **port link-type trunk**

[SB-Ethernet0/0/2] **port trunk allow-pass vlan 2 to 20**

[SB-Ethernet0/0/2] **quit**

\# 将 SC 端口 Ethernet0/0/1 设为中继接口，并允许所有 VLAN 通过。

[SC] **interface ethernet 0/0/1**

[SC-Ethernet0/0/1] **port link-type trunk**

[SC-Ethernet0/0/1] **port trunk allow-pass vlan 2 to 20**

[SC-Ethernet0/0/1] **quit**

\# 将 SC 端口 Ethernet0/0/3 设为中继接口，并允许所有 VLAN 通过。

[SC] **interface ethernet 0/0/3**

[SC-Ethernet0/0/2] **port link-type trunk**

[SC-Ethernet0/0/2] **port trunk allow-pass vlan 2 to 20**

[SC-Ethernet0/0/2] **quit**

\# 将 SD 端口 Ethernet0/0/1 设为中继接口，并允许所有 VLAN 通过。

[SD] **interface ethernet 0/0/1**

[SD-Ethernet0/0/1] **port link-type trunk**

[SD-Ethernet0/0/1] **port trunk allow-pass vlan 2 to 20**

[SD-Ethernet0/0/1] **quit**

\# 将 SD 端口 Ethernet0/0/3 设为中继接口，并允许所有 VLAN 通过。

[SD] **interface ethernet 0/0/3**

[SD-Ethernet0/0/2] **port link-type trunk**
[SD-Ethernet0/0/2] **port trunk allow-pass vlan 2 to 20**
[SD-Ethernet0/0/2] **quit**

\# 将 SC 端口 Ethernet0/0/2 加入 VLAN11。

[SC] **interface ethernet 0/0/2**
[SC-Ethernet0/0/2] **port link-type access**
[SC-Ethernet0/0/2] **port default vlan   11**
[SC-Ethernet0/0/2] **quit**

\# 将 SD 端口 Ethernet0/0/2 加入 VLAN11。

[SD] **interface ethernet 0/0/2**
[SD-Ethernet0/0/2] **port link-type access**
[SD-Ethernet0/0/2] **port default vlan   11**
[SD-Ethernet0/0/2] **quit**

第 4 步：验证配置结果并保存。

经过以上配置，在网络计算稳定后，执行以下操作，验证配置结果。

\# 在 SA 上执行 **display stp brief** 命令，查看端口状态和端口的保护类型，结果如下：

\<SA>**display   stp   brief**

MSTID	Port	Role	STP State	Protection
0	GigabitEthernet0/0/1	ROOT	FORWARDING	NONE
0	GigabitEthernet0/0/2	DESI	FORWARDING	NONE
1	GigabitEthernet0/0/1	DESI	FORWARDING	NONE
1	GigabitEthernet0/0/2	DESI	FORWARDING	NONE
2	GigabitEthernet0/0/1	ROOT	FORWARDING	NONE
2	GigabitEthernet0/0/2	DESI	FORWARDING	NONE

从提取信息结果中可以看出，在实例 2 中，由于 SB 是根桥，所以与 SB 交换机直连的 SA 的 GE0/0/1 接口是根端口（ROOT）。交换机 SA 的所有端口都处于转发状态。

在 SB 上执行 **display stp brief** 命令，查看端口状态和端口的保护类型，结果如下：

\<SB>**display   stp   brief**

MSTID	Port	Role	STP State	Protection
0	GigabitEthernet0/0/1	DESI	FORWARDING	NONE
0	GigabitEthernet0/0/2	DESI	FORWARDING	NONE

1	GigabitEthernet0/0/1	ROOT	FORWARDING	NONE
1	GigabitEthernet0/0/2	DESI	FORWARDING	NONE
2	GigabitEthernet0/0/1	DESI	FORWARDING	NONE
2	GigabitEthernet0/0/2	DESI	FORWARDING	NONE

从提取信息结果中可以看出，在实例 1 中，由于 SA 是根桥，所以与 SA 交换机直连的 SB 的 GE0/0/1 接口是根端口（ROOT）。交换机 SB 的所有端口都处于转发状态。

在 SC 上执行 **display stp interface <接口名> brief** 命令，查看端口状态和端口的保护类型，结果如下：

[SC]**display stp interface e0/0/1 brief**

MSTID	Port	Role	STP State	Protection
0	Ethernet0/0/1	DESI	FORWARDING	NONE
1	Ethernet0/0/1	ALTE	DISCARDING	NONE
2	Ethernet0/0/1	DESI	FORWARDING	NONE

从提取信息结果可以看出，在实例 1 中，SC 交换机的 Ethernet0/0/1 接口是替换端口（ALTE），该端口处于阻塞状态（DISCARDING）。

[SC]**display stp interface e0/0/3 brief**

MSTID	Port	Role	STP State	Protection
0	Ethernet0/0/3	ROOT	FORWARDING	NONE
1	Ethernet0/0/3	ROOT	FORWARDING	NONE
2	Ethernet0/0/3	ROOT	FORWARDING	NONE

在 SD 上执行 **display stp interface brief** 命令，查看端口状态和端口的保护类型，结果如下：

[SD]**display stp interface e0/0/1 brief**

MSTID	Port	Role	STP State	Protection
0	Ethernet0/0/1	ROOT	FORWARDING	NONE
1	Ethernet0/0/1	DESI	FORWARDING	NONE
2	Ethernet0/0/1	ALTE	DISCARDING	NONE

从提取信息结果可以看出，在实例 2 中，SD 交换机的 Ethernet0/0/1 接口是替换端口（ALTE），该端口处于阻塞状态（DISCARDING）。

[SD]**display stp interface e0/0/3 brief**

MSTID	Port	Role	STP State	Protection
0	Ethernet0/0/3	ROOT	FORWARDING	NONE
1	Ethernet0/0/3	ROOT	FORWARDING	NONE
2	Ethernet0/0/3	ROOT	FORWARDING	NONE

综上所述，在实例 1 视角中，各个交换机的端口角色如图 2-3 所示。

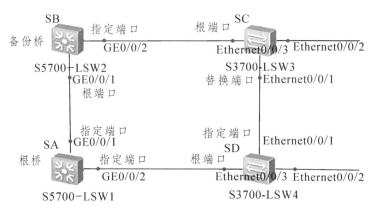

图 2-3　实例 1 中各个交换机的端口角色

在实例 2 视角中，各个交换机的端口角色如图 2-4 所示。

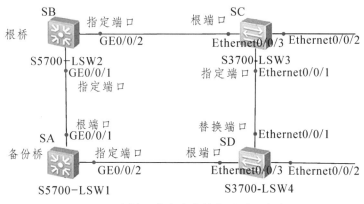

图 2-4　实例 2 中各个交换机的端口角色

在主机 PC1 中，用 ping 命令测试其与 PC2 的连通性。

PC1>ping　　192.168.1.2

Ping 192.168.1.2: 32 data bytes, Press Ctrl_C to break

From 192.168.1.2: bytes=32 seq=1 ttl=128 time=78 ms

From 192.168.1.2: bytes=32 seq=2 ttl=128 time=125 ms

From 192.168.1.2: bytes=32 seq=3 ttl=128 time=125 ms

From 192.168.1.2: bytes=32 seq=4 ttl=128 time=94 ms

From 192.168.1.2: bytes=32 seq=5 ttl=128 time=125 ms

上述结果说明了 PC1 和 PC2 能正常通信。

最后，用 save 命令保存配置结果。

为了在验证网络链路故障时，了解 MSTP 中实例 1、实例 2 的原来替换端口状态自动转换情况，现将 SC 交换机的 Ethernet0/0/3 端口用 shutdown 命令断开，分析交换机 SC 的 Ethernet0/0/1 接口和交换机 SD 的 Ethernet0/0/1 接口角色转变结果。

[SC]**interface　　e0/0/3**

[SC-Ethernet0/0/3]**shutdown**

[SC-Ethernet0/0/3]**quit**

[SC]**display stp brief**

MSTID	Port	Role	STP State	Protection
0	Ethernet0/0/1	ROOT	FORWARDING	NONE
0	Ethernet0/0/2	DESI	FORWARDING	NONE
1	Ethernet0/0/1	ROOT	FORWARDING	NONE
2	Ethernet0/0/1	ROOT	FORWARDING	NONE
2	Ethernet0/0/2	DESI	FORWARDING	NONE

从上述结果中的下画线部分来看，在实例 1 中，SC 交换机的 Ethernet0/0/1 接口从原来的替换端口（ALTE），变成了根端口且处于转发状态（FORWARDING）。验证了当网络拓扑结构发生变化时 MSTP 端口状态自动转换功能。此时再观察 SD 的接口状态变化情况，如下所示：

<SD>**display stp brief**

MSTID	Port	Role	STP State	Protection
0	Ethernet0/0/1	DESI	FORWARDING	NONE
0	Ethernet0/0/2	DESI	FORWARDING	NONE
0	Ethernet0/0/3	ROOT	FORWARDING	NONE
1	Ethernet0/0/1	DESI	FORWARDING	NONE
1	Ethernet0/0/3	ROOT	FORWARDING	NONE
2	Ethernet0/0/1	DESI	FORWARDING	NONE
2	Ethernet0/0/2	DESI	FORWARDING	NONE
2	Ethernet0/0/3	ROOT	FORWARDING	NONE

从上述结果中的下画线部分来看，在实例 2 中，SD 交换机的 Ethernet0/0/1 接口从原来的替换端口（ALTE），变成了指定端口（DESI）且处于转发状态（FORWARDING）。同样验证了当网络拓扑结构发生变化时 MSTP 端口状态自动转换功能。

2.2　MSTP 保护功能及技术实现

MSTP 的保护机制有根保护、BPDU（网桥协议数据单元）保护、TC（终端计算机）保护等。设置这些保护的目的是避免恶意攻击或临时环路对原来网络稳定性、安全性、可用性造成影响。

2.2.1　网络拓扑结构

华为 MSTP 保护功能拓扑结构如图 2-5 所示。

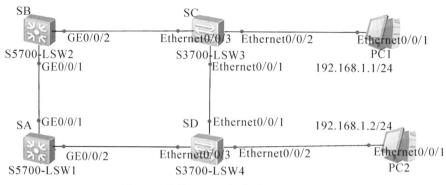

图 2-5　华为 MSTP 保护功能拓扑结构

2.2.2　具体要求

（1）在 4 台华为交换机 SA、SB、SC、SD 上都启用 MSTP，配置根桥和备份根桥：SA 是根桥、SB 是备份根桥，SC 的 Ethernet0/0/1 端口处于阻塞状态。

（2）与 PC 相连的端口不用参与 MSTP 计算，将其设置为边缘端口。

（3）配置根保护功能，实现对设备或链路的保护。即在相关交换机指定端口配置根保护功能。它的作用是防止意外(或者非法)加入的交换机成为网络中的根桥。

（4）配置 BPDU 保护。因为边缘端口收到不合法的 BPDU 后网络重新进行生成树计算，从而会引起网络震荡，所以需要在 SC 和 SD 上配置 BPDU 保护。

（5）配置 TC 保护。避免频繁地删除 MAC 地址表和 ARP 表项，从而达到保护交换设备的目的。

（6）测试验证。结果正确后，保存配置命令。

2.2.3　配置技术

配置包括 5 步：启动 MSTP 模式，配置根桥与备份根桥，并设置阻塞端口、边缘接口；查看各交换机 MSTP 结果并在指定端口配置根保护功能并验证；配置 BPDU 保护及验证；配置 TC-BPDU 保护；当配置都正确后保存。

第 1 步：启动 MSTP 模式，配置根桥与备份根桥，并设置阻塞端口、边缘接口。

#在 4 台华为交换机中启用 STP 服务并设置成 MSTP 工作模式。

<Huawei>**undo terminal monitor**

<Huawei> **system-view**
[Huawei] **sysname SA**
[SA]**stp enable**　　　　　　　　　　（在交换机 SA 上启动 STP）
[SA]**stp mode mstp**　　　　　　　　　（配置当前交换机工作在 MSTP 模式）
[SB]**stp enable**

```
[SB]stp mode mstp

[SC]stp enable

[SC]stp mode mstp

[SD]stp enable

[SD]stp mode mstp
```

#配置 SA 为根桥与 SB 为备份根桥。

```
[SA] stp   priority   4096    （在实例 1 中配置 SA 的优先值为 4096，作为根桥）

[SB] stp   priority   8192    （在实例 1 中配置 SB 的优先值为 8192，作为备份根桥）
```

【说明】将 SA 配置成根桥的第二种方法是 **stp root primary**；

将 SB 配置成备份根桥的第二种方法是 **stp root secondary**。

#设置 SC 的 Ethernet0/0/1 为阻塞端口、Ethernet0/0/2 为边缘接口。

```
[SA]stp pathcost-standard legacy       （配置 SA 的端口路径开销值的计算方法为华为计算
                                        方法）

[SB]stp pathcost-standard legacy       （配置 SB 的端口路径开销值的计算方法为华为计算
                                        方法）

[SC] stp pathcost-standard legacy

[SC] interface ethernet 0/0/1

[SC-Ethernet0/0/1] stp   cost 30000   （将当前端口在实例 1 中的路径开销值配置为 30000）
```

第 2 步：查看各交换机 MSTP 结果并在指定端口配置根保护功能。

[SA]**display   stp   brief**

MSTID	Port	Role	STP State	Protection
0	GigabitEthernet0/0/1	DESI	FORWARDING	NONE
0	GigabitEthernet0/0/2	DESI	FORWARDING	NONE

从结果看出，SA 交换机的两个接口都是指定端口，目前均处于转发状态。

<SB>**display stp brief**

MSTID	Port	Role	STP State	Protection
0	GigabitEthernet0/0/1	ROOT	FORWARDING	NONE
0	GigabitEthernet0/0/2	DESI	FORWARDING	NONE

从结果看出，SB 交换机的 GE0/0/1 接口是根端口，GE0/0/2 接口是指定端口，目前均处于转发状态。

<SC>**display   stp   brief**

MSTID	Port	Role	STP State	Protection
0	Ethernet0/0/1	ALTE	DISCARDING	NONE
0	Ethernet0/0/2	DESI	FORWARDING	NONE
0	Ethernet0/0/3	ROOT	FORWARDING	NONE

从结果看出，SC 交换机的 Ethernet0/0/1 接口是替换端口，处于阻塞状态；Ethernet0/0/2

是指定端口，处于转发状态；Ethernet0/0/3 接口是根端口，处于转发状态。

<SD>**display stp brief**

MSTID	Port	Role	STP State	Protection
0	Ethernet0/0/1	DESI	FORWARDING	NONE
0	Ethernet0/0/2	DESI	FORWARDING	NONE
0	Ethernet0/0/3	ROOT	FORWARDING	NONE

从结果看出，SD 交换机的 Ethernet0/0/1 接口和 Ethernet0/0/2 接口都是指定端口，都处于转发状态；Ethernet0/0/3 接口是根端口，处于转发状态。

根保护是指定端口（DESI）上的特性。当端口的角色是指定端口时，配置根保护才能生效。下面在指定端口上启动根保护，在边缘接口上不启用根保护。

在交换机 SA 的 GE0/0/1 和 GE0/0/2 接口上启动根保护。

[SA]**interface g0/0/1**

[SA-GigabitEthernet0/0/1]**stp root-protection** (在当前接口启用根保护)

[SA-GigabitEthernet0/0/1]interface g0/0/2

[SA-GigabitEthernet0/0/2]**stp root-protection** (在当前接口启用根保护)

在交换机 SB 的 GE0/0/2 接口上启动根保护。

[SB]interface g0/0/2

[SB-GigabitEthernet0/0/2]**stp root-protection** (在当前接口启用根保护)

在交换机 SD 的 Ethernet0/0/1 接口上启动根保护。

[SD]interface e0/0/1

[SD-Ethernet0/0/1]**stp root-protection** (在当前接口启用根保护)

为了验证成功配置根保护后的效果，我们将 SC 交换机的优先级值设为 0，看其是否成为根交换机，具体如下：

[SC]**stp priority 0**

[SC]**display stp**

-------[CIST Global Info][Mode MSTP]-------

CIST Bridge   :0   .4c1f-cc85-1060

Config Times   :Hello 2s MaxAge 20s FwDly 15s MaxHop 20

Active Times   :Hello 2s MaxAge 20s FwDly 15s MaxHop 20

CIST Root/ERPC   :0   .4c1f-cc85-1060 / 0

CIST RegRoot/IRPC   :0   .4c1f-cc85-1060 / 0

CIST RootPortId   :0.0

BPDU-Protection   :Disabled

TC or TCN received   :15

TC count per hello   :0

STP Converge Mode   :Normal

......

从上面结果可以看出，SC 认为自己是根桥。但从交换机 SB 和 SD 提取的信息来看，根交换机不是 SC，而是 SA，具体信息如下：

<SA>**display stp**

-------[CIST Global Info][Mode MSTP]-------

CIST Bridge	:4096 .4c1f-ccd1-1a8d
Config Times	:Hello 2s MaxAge 20s FwDly 15s MaxHop 20
Active Times	:Hello 2s MaxAge 20s FwDly 15s MaxHop 20
CIST Root/ERPC	:4096 .4c1f-ccd1-1a8d / 0
CIST RegRoot/IRPC	:4096 .4c1f-ccd1-1a8d / 0

......

从上述结果可以看出，交换机 SA 的 MAC 地址是 4c1f-ccd1-1a8d。

<SB>**display stp**

-------[CIST Global Info][Mode MSTP]-------

CIST Bridge	:8192 .4c1f-cc4b-3463
Config Times	:Hello 2s MaxAge 20s FwDly 15s MaxHop 20
Active Times	:Hello 2s MaxAge 20s FwDly 15s MaxHop 20
CIST Root/ERPC	:4096 .4c1f-ccd1-1a8d / 20
CIST RegRoot/IRPC	:8192 .4c1f-cc4b-3463 / 0
CIST RootPortId	:128.1
BPDU-Protection	:Disabled
TC or TCN received	:10
TC count per hello	:0
STP Converge Mode	:Normal

......

<SD>**display   stp**

-------[CIST Global Info][Mode MSTP]-------

CIST Bridge	:32768.4c1f-cc4f-5af2
Config Times	:Hello 2s MaxAge 20s FwDly 15s MaxHop 20
Active Times	:Hello 2s MaxAge 20s FwDly 15s MaxHop 20
CIST Root/ERPC	:4096 .4c1f-ccd1-1a8d / 200
CIST RegRoot/IRPC	:32768.4c1f-cc4f-5af2 / 0
CIST RootPortId	:128.3
BPDU-Protection	:Disabled
TC or TCN received	:23
TC count per hello	:0
STP Converge Mode	:Normal

......

从 SB 和 SD 交换机的显示结果来看，根桥（CIST Root）的 MAC 地址是 4c1f-ccd1-1a8d，这正是 SA 交换机的 MAC 地址。所以，设置了根保护后，把网络中其他交换机更改为根交换机的设置不能成功。下面删除 SC 上的根桥优先值配置：

[SC]undo   stp   priority

第 3 步：配置 BPDU 保护。交换机上通常将直接与用户终端（如 PC 机）等非交换设备相连的端口配置为边缘端口。如图 2-5 所示，交换机 SC 中与 PC1 相连的端口设置为边缘端口。正常情况下，边缘端口不会收到 MST BPDU，但如果有人伪造 MST BPDU 恶意攻击交换机，当边缘端口接收到 MST BPDU 时，交换机会自动将边缘端口设置为非边缘端口，并重新进行生成树计算。当攻击者发送的 MST BPDU 报文中的桥优先级高于现有网络中根桥优先级时会改变当前网络拓扑，可能会导致业务流量中断，这是一种简单的拒绝服务（DoS, Denial of Service）攻击方式。因此需要把 SC 交换机的 Ethernet0/0/2 口和 SD 交换机的 Ethernet0/0/2 接口设为边缘端口，并启用交换机 SC、SD 边缘端口的 BPDU 保护功能。

#设置 SC 的 Ethernet0/0/2 为边缘接口并启用交换机的 BPDU 保护功能。

[SC] interface   e0/0/2

[SC-Ethernet0/0/2] stp edged-port enable   （配置 SC 的 Ethernet0/0/2 接口为边缘端口）

[SC-Ethernet0/0/2] quit

[SC]stp   bpdu-protection   （启用当前交换机的 BPDU 保护功能）

此时，可以通过命令查看交换机 SC 的边缘端口 Ethernet0/0/2 是否处于 BPDU 保护中，结果如下：

<SC>display stp   brief

MSTID	Port	Role	STP State	Protection
0	Ethernet0/0/1	DESI	FORWARDING	NONE
0	**Ethernet0/0/2**	**DESI**	**FORWARDING**	**BPDU** ①
0	Ethernet0/0/3	ROOT	FORWARDING	NONE

从标注为①的位置可以看出，SC 的边缘端口 Ethernet0/0/2 处于 BPDU 保护状态。

#设置 SD 的 Ethernet0/0/2 为边缘接口并启用交换机的 BPDU 保护功能。

[SD] interface   e0/0/2

[SD-Ethernet0/0/2] stp edged-port enable   （配置 SD 的 Ethernet0/0/2 接口为边缘端口）

[SD-Ethernet0/0/2] quit

[SD] stp   bpdu-protection   （启用当前交换机的 BPDU 保护功能）

为了验证成功配置 BPDU 保护后的效果，我们将 SD 交换机的 Ethernet0/0/3 接口设为边缘接口，看系统给出的提示，具体如下：

[SD]interface   e0/0/3

[SD-Ethernet0/0/3]stp edged-port enable

此时，我们发现在拓扑结构中交换机 SA 的 GE0/0/2 接口与 SD 的 Ethernet0/0/3 接口连接链路处于断开状态。说明当有恶意攻击时，配置了 BPDU 的交换机将自动关闭被攻击的接口。

恢复过程：删除 Ethernet0/0/3 接口的边缘端口配置，使用命令"**error-down auto-recovery cause bpdu-protection   interval   60**"设置端口在 60 s 后自动恢复为 UP 状态。

[SD]interface   e0/0/3

[SD-Ethernet0/0/3]undo   stp   edged-port

[SD-Ethernet0/0/3]quit

[SD]error-down auto-recovery   cause   bpdu-protection   interval   ?
　　INTEGER<30-86400>　　Value of the automatic recovery timer, in seconds

[SD]error-down auto-recovery   cause bpdu-protection   interval   60

第 4 步：配置 TC 保护。连接终端的接口一般为边缘端口，在交换机中配置 TC 保护，表明在周期内只能发送有限的 TC-BPDU，超过设定的阈值次数就不再接收 TC-BPDU,周期一到统一处理一次，从而遏制大批量的 TC-BPDU 发送到网络中，避免影响网络的稳定性。缺省情况下，交换机的 TC 保护处于关闭状态。

[SA]stp   tc-protection　　　　　　　　（启用 TC 保护）

[SA]stp   tc-protection threshold   3　　　（在单位时间内允许交换机收到 TC-BPDU 报文后立即进行地址表项删除操作的最大次数为 3 次）

[SB]stp   tc-protection

[SB]stp   tc-protection threshold   3

[SC]stp   tc-protection

[SC]stp   tc-protection threshold   3

[SD]stp   tc-protection

[SD]stp   tc-protection threshold   3

第 5 步：当配置都正确后，用 save 命令保存交换机配置结果。

第 3 章

网络可靠性技术

3.1 VRRP 技术

在实际网络应用中，为了防止路由设备（例如作为网关的路由设备）发生故障而引起网络通信中断，可利用 VRRP（Virtual Router Redundancy Protocol，虚拟路由冗余协议），把两台或多台路由设备联合起来，配置成一台虚拟路由设备。通过 VRRP 协议，将虚拟路由设备中的某一台物理设备配置为主设备（master），其他设备配置为备用设备（backup）。

在正常通信情况下，主设备负责路由选择和数据转发，但是当主设备发生故障时，VRRP技术能从虚拟路由设备中，选举并启用备用路由设备开始工作，从而保障网络的正常通信。本书对 VRRP 技术的具体工作原理不做详细介绍，读者可参考相关资料。

根据不同的应用需求，通过 VRRP 协议，可将虚拟路由设备模式配置为主备模式和负载均衡模式两种模式。在主备模式下，仅主设备（master）负责流量的转发，而备用设备（backup）处于备用状态，不进行流量的转发。但是一旦主设备出现故障，通过 VRRP 协议从备用设备中选举出一台新的主设备，接替原主设备的工作，从而保障正常的通信。

在负载均衡模式下，主设备和备用设备均处于工作状态。该模式能充分发挥虚拟路由设备中各物理设备的功能而不使备用设备闲置。但在配置该模式时，需要配置多个备用组，每组中须有一台主设备和若干备用设备，一台设备可以加入多个组，且在不同的组中有不同的优先级。负载均衡模式的配置过程与主备模式的配置过程类似。

本章 3.1.1 ~ 3.1.3 小节将详细给出 VRRP 主备模式的配置过程，3.1.4 小节将给出负载均衡模式的配置过程，下面给出具体的配置案例。

3.1.1 VRRP 主备模式配置拓扑结构

VRRP 主备模式配置实例的网络拓扑结构如图 3-1 所示。

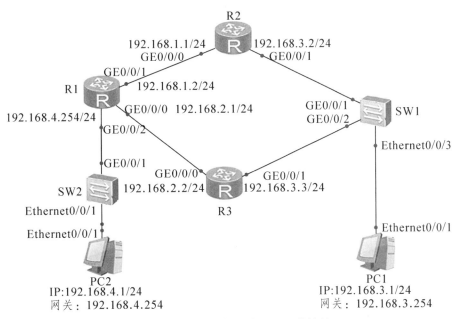

图 3-1　VRRP 主备模式配置拓扑结构

3.1.2　具体要求

（1）拓扑结构如图 3-1 所示，图中的交换机不用配置，各路由器接口和 PC1、PC2 的 IP 地址等配置如表 3-1 所示。

表 3-1　各路由器接口和 PC1、PC2 的 IP 地址等配置表

设备名	接口	IP 地址及掩码	备注
R1	GE0/0/0	192.168.2.1/24	
	GE0/0/1	192.168.1.2/24	
	GE0/0/2	192.168.4.254/24	
R2	GE0/0/0	192.168.1.1/24	备用设备（backup）
	GE0/0/1	192.168.3.2/24	
R3	GE0/0/0	192.168.2.2/24	主设备（master）
	GE0/0/1	192.168.3.3/24	
PC1		192.168.3.1/24 网关：192.168.3.254	
PC2		192.168.4.1/24 网关：192.168.4.254	

（2）配置路由器（在 eNSP 模拟器中选择 AR3260 路由器）R2 和 R3 组成的虚拟路由器，该虚拟路由器的 IP 地址为 192.168.3.254，主设备为 R3，备用设备为 R2。

（3）当 R3 正常工作时，测试 PC1 与 PC2 的连通性，并跟踪 PC1 到 PC2 的路由信息。当

R3 的 GE0/0/0 端口或 R1 的 GE0/0/0 端口关闭之后,测试 PC1 与 PC2 的连通性,并跟踪 PC1 到 PC2 的路由情况。

3.1.3 华为设备 VRRP 主备模式技术实现

本小节配置 R1、R2 和 R3 的接口地址、RIP 路由协议,在 R2 和 R3 上配置 VRRP 协议以及在 VRRP 组中的优先级;优先级高的作为主设备,低的作为从设备,最后显示配置结果。

第 1 步:配置 R1。

<Huawei>**undo terminal monitor**　　 (关闭屏幕上的告警灯信息提示)

<Huawei>**system-view**　　　　 (进入系统视图模式)

[Huawei]**sysname R1**　　　　　 (更改交换机名称为 R1)

[R1]**interface g0/0/0**　　　　　 (进入接口 GE0/0/0)

[R1-GigabitEthernet0/0/0]**ip address** 192.168.2.1 24 (设置接口 GE0/0/0 的 IP 地址和子网掩码)

[R1-GigabitEthernet0/0/0]**quit**

[R1]**interface** g0/0/1

[R1-GigabitEthernet0/0/1]**ip address** 192.168.1.2 24 (设置接口 GE0/0/1 的 IP 地址及掩码)

[R1-GigabitEthernet0/0/1]**quit**

[R1]**interface** g0/0/2

[R1-GigabitEthernet0/0/2]**ip address** 192.168.4.254 24

[R1-GigabitEthernet0/0/2]**quit**

[R1]**rip**　　　　　　 (在 R1 上启用 RIP 路由协议)

[R1-rip-1]**version** 2

[R1-rip-1]**network** 192.168.1.0 (声明 RIP 协议的网段范围)

[R1-rip-1]**network** 192.168.2.0

[R1-rip-1]**network** 192.168.4.0

[R1-rip-1]**quit**

第 2 步:配置 R2。

<Huawei>**undo terminal monitor**

<Huawei>**system-view**

[Huawei]**sysname** R2

[R2]**interface** g0/0/0

[R2-GigabitEthernet0/0/0]**ip   address**   192.168.1.1   24

[R2-GigabitEthernet0/0/0]**quit**

[R2]**interface**   g0/0/1

[R2-GigabitEthernet0/0/1]**ip   address**   192.168.3.2   24

[R2-GigabitEthernet0/0/1]**quit**

[R2]**rip**   （启用 RIP 协议）

[R2-rip-1]**version**   2

[R2-rip-1]**network**   192.168.1.0

[R2-rip-1]**network**   192.168.3.0

[R2-rip-1]**quit**

[R2]**interface**   g0/0/1

[R2-GigabitEthernet0/0/1]**vrrp   vrid   1   virtual-ip**   192.168.3.254   （设置虚拟路由设备的 ID 为 1，IP 地址为 192.168.3.254）

[R2-GigabitEthernet0/0/1]**vrrp   vrid   1   priority**   100   （设置 R2 的优先级为 100）

[R2-GigabitEthernet0/0/1]**quit**

第 3 步：配置 R3。主要配置 R3 的各接口 IP 地址、RIP 路由协议，以及虚拟路由设备的 ID、IP 地址和 R3 的 VRRP 优先级，优先级高的作为主设备。

<Huawei>**undo   terminal   monitor**

<Huawei>**system-view**

[Huawei]**sysname**   R3

[R3]**interface**   g0/0/0

[R3-GigabitEthernet0/0/0]**ip   address**   192.168.2.2   24   （设置接口 IP 地址和掩码）

[R3-GigabitEthernet0/0/0]**quit**

[R3]**interface**   g0/0/1

[R3-GigabitEthernet0/0/1]**ip   address**   192.168.3.3   24

[R3-GigabitEthernet0/0/1]**quit**

[R3]**rip**

[R3-rip-1]**version**   2

[R3-rip-1]**network**   192.168.2.0

[R3-rip-1]**network**   192.168.3.0

[R3-rip-1]**quit**

[R3]**interface**   g0/0/1

[R3-GigabitEthernet0/0/1]**vrrp vrid 1 virtual-ip** 192.168.3.254（设置虚拟路由设备的 ID 为 1，IP 地址为 192.168.3.254）

[R3-GigabitEthernet0/0/1]**vrrp vrid 1 priority** 150 （设置优先级为 150）

[R3-GigabitEthernet0/0/1]**vrrp vrid 1 preempt-mode timer delay** 30 （如果 R3 出现故障，则当故障解除后延迟 30 s 重新成为主设备）

[R3-GigabitEthernet0/0/1]**quit**

通过在 R2 上使用命令 vrrp vrid 1 virtual-ip 192.168.3.254，以及在 R3 上使用命令 vrrp vrid 1 virtual-ip 192.168.3.254，设置 R2 和 R3 为同一 VRRP 组（其虚拟设备 ID 为 1），只不过设置 R3 的优先级为 150（使用命令 vrrp vrid 1 priority 150），而 R2 的优先级为 100（使用命令 vrrp vrid 1 priority 100），所以该组的主设备为 R3，备用设备为 R2。

第 4 步：使用命令 display vrrp 查看 R2 的 VRRP 配置情况，如下所示：

[R2]**display vrrp**

GigabitEthernet0/0/1 | Virtual Router 1

    State : Backup

    Virtual IP : 192.168.3.254

    Master IP : 192.168.3.3

    PriorityRun : 100

    PriorityConfig : 100

    MasterPriority : 150

    Preempt : YES   Delay Time : 0 s

    TimerRun : 1 s

    TimerConfig : 1 s

    Auth type : NONE

    Virtual MAC : 0000-5e00-0101

    Check TTL : YES

    Config type : normal-vrrp

    Backup-forward : disabled

    Create time : 2020-04-18 21:31:12 UTC-08:00

    Last change time : 2020-04-18 21:32:15 UTC-08:00

从上面结果可以看出，路由器 R2 的 VRRP 状态为 Backup，说明该设备为备用设备，其虚拟 IP 地址为 192.168.3.254(Virtual IP : 192.168.3.254)，主设备 IP 地址为 192.168.3.3(Master IP : 192.168.3.3)，且备用设备转发状态为禁用（Backup-forward : disabled）。

第 5 步：使用命令 display vrrp 显示 R3 的 vrrp 协议配置结果，如下所示：

[R3]**display vrrp**

GigabitEthernet0/0/1 | Virtual Router 1

    State : Master

    Virtual IP : 192.168.3.254

    Master IP : 192.168.3.3

PriorityRun : 150

PriorityConfig : 150

MasterPriority : 150

Preempt : YES   Delay Time : 30 s

TimerRun : 1 s

TimerConfig : 1 s

Auth type : NONE

Virtual MAC : 0000-5e00-0101

Check TTL : YES

Config type : normal-vrrp

Backup-forward : disabled

Create time : 2020-04-18 21:31:39 UTC-08:00

Last change time : 2020-04-18 21:31:46 UTC-08:00

从上面结果可以看出，路由器 R3 的 VRRP 状态为 Master，说明为主设备，R2 的 VRRP 状态为 Backup，说明该设备为备用设备，其虚拟 IP 地址为 192.168.3.254（Virtual IP：192.168.3.254），主设备 IP 地址为 192.168.3.3（Master IP：192.168.3.3），且备用设备转发状态为禁用（Backup-forward : disabled）。

第 6 步：测试 PC1 与 PC2 的连通性并跟踪其路由情况，结果如图 3-2 所示。从该结果可以看出，P1 与 P2 能相互通信，并且 P1 到 P2 的路由经过了 192.168.3.3（路由器 R3 的 GE0/0/1 口），还经过了 192.168.2.1（R1 的 GE0/0/0 口），最终到达 192.168.4.1（PC2），说明前述配置正确。

图 3-2　P1 与 P2 的连通性及其路由情况

第 7 步：关闭 R3 的 GE0/0/0 口，测试 PC1 与 PC2 的连通性并跟踪路由情况，结果如图 3-3 所示。

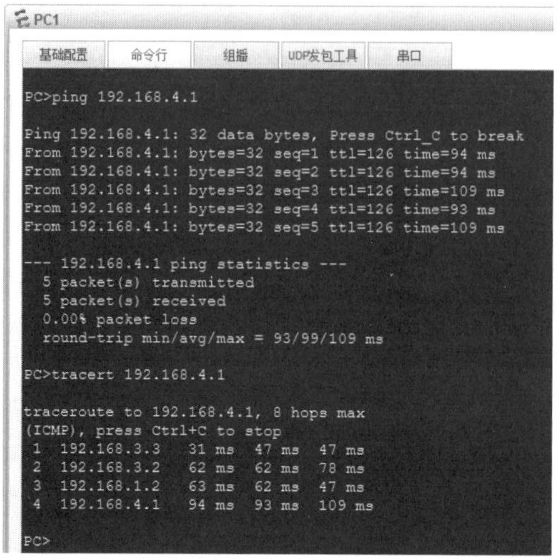

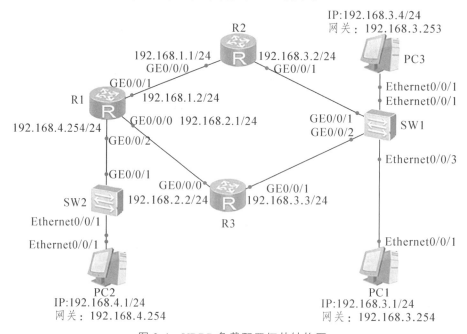

图 3-3　关闭 R3 的 GE0/0/0 口，测试 P1 与 P2 的连通性及其路由情况

从图 3-3 可以看出，P1 与 P2 能相互通信，并且 P1 到 P2 的路由经过 192.168.3.2（路由器 R2 的 GE0/0/1 口），并经 192.168.1.2（R1 的 GE0/0/1 口），最终到达 192.168.4.1（PC2）。需要说明的是，虽然 PC1 到 PC2 的第一跳到达了 192.168.3.3（路由器 R3 的 GE0/0/1 口），但没有经过 192.168.2.1（R1 的 GE0/0/0 口）。

3.1.4　华为设备 VRRP 负载均衡技术实践

VRRP 负载均衡模式实例的网络拓扑结构如图 3-4 所示。

图 3-4　VRRP 负载配置拓扑结构图

要求：（1）拓扑结构如图 3-4 所示，各路由器接口和 PC1、PC2、PC3 的 IP 地址等配置如表 3-2 所示。

表 3-2 路由器各接口和 PC1~PC3 的 IP 地址等配置表

设备名	接口	IP 地址及掩码	备注
R1	GE0/0/0	192.168.2.1/24	
	GE0/0/1	192.168.1.2/24	
	GE0/0/2	192.168.4.254/24	
R2	GE0/0/0	192.168.1.1/24	在组 1 中为备用设备，在组 2 中为主设备
	GE0/0/1	192.168.3.2/24	
R3	GE0/0/0	192.168.2.2/24	在组 1 中为主设备，在组 2 中为备用设备
	GE0/0/1	192.168.3.3/24	
PC1		192.168.3.1/24 网关：192.168.3.254	
PC2		192.168.4.1/24 网关：192.168.4.254	
PC3		192.168.3.4/24 网关：192.168.3.253	

（2）配置路由器（在 eNSP 模拟器中选 AR3260 路由器）R2 和 R3 组成的两个 VRRP 组：

在 VRRP 1 中，R2 为备用设备，R3 为主设备。在正常工作时，PC1 通过 R3 转发数据，该组的虚拟 IP 地址为 192.168.3.254。

在 VRRP 2 中，R2 为主设备，R3 为备用设备。在正常工作时，PC3 通过 R2 转发数据，该组的虚拟 IP 地址为：192.168.3.253。

（3）当 R2、R3 正常工作时，测试 PC1、PC3 与 PC2 的连通性，并跟踪 PC1 到 PC2 及 PC3 到 PC2 的路由情况。

完整配置步骤如下：

第 1 步：配置路由器 R1 的各接口 IP 地址，启用 RIP 路由协议。

<Huawei>**undo terminal monitor**

<Huawei>**system-view**

[Huawei]**sysname** R1

[R1]**interface** g0/0/0

[R1-GigabitEthernet0/0/0]**ip address** 192.168.2.1 24

[R1-GigabitEthernet0/0/0]**quit**

[R1]**interface** g0/0/1

[R1-GigabitEthernet0/0/1]**ip address** 192.168.1.2 24

[R1-GigabitEthernet0/0/1]**quit**

[R1]**interface** g0/0/2

[R1-GigabitEthernet0/0/2]**ip address** 192.168.4.254 24

[R1-GigabitEthernet0/0/2]**quit**

[R1]**rip**

[R1-rip-1]**version** 2

[R1-rip-1]**network** 192.168.1.0

[R1-rip-1]**network** 192.168.2.0

[R1-rip-1]**network** 192.168.4.0

[R1-rip-1]**quit**

[R1]

第 2 步：配置路由器 R2 的各接口 IP 地址、RIP 协议和 VRRP 的 ID、IP 地址、优先级，优先级高的作为主设备。

<Huawei>**undo terminal monitor**

<Huawei>**system-view**

[Huawei]**sysname** R2

[R2]**interface** g0/0/0

[R2-GigabitEthernet0/0/0]**ip address** 192.168.1.1 24 （设置接口地址）

[R2-GigabitEthernet0/0/0]**quit**

[R2]**interface** g0/0/1

[R2-GigabitEthernet0/0/1]**ip address** 192.168.3.2 24

[R2-GigabitEthernet0/0/1]**quit**

[R2]**rip** （启用 RIP 协议）

[R2-rip-1]**version** 2

[R2-rip-1]**network** 192.168.1.0 （声明 RIP 协议作用的网段）

[R2-rip-1]**network** 192.168.3.0

[R2-rip-1]**quit**

[R2]**interface** g0/0/1

[R2-GigabitEthernet0/0/1]**vrrp vrid** 1 **virtual-ip** 192.168.3.254 （设置 VRRP 1 及其 IP 地址）

[R2-GigabitEthernet0/0/1]**vrrp vrid** 1 **priority** 100（设置 R2 在 VRRP 1 中的优先级为 100）

[R2-GigabitEthernet0/0/1]**vrrp vrid** 2 **virtual-ip** 192.168.3.253 （设置 VRRP 2 及其 IP 地址）

[R2-GigabitEthernet0/0/1]**vrrp vrid** 2 **preempt-mode timer delay** 30（设置如果 R2 出现故障，则当故障解除后延迟 30 s 重新成为主设备）

[R2-GigabitEthernet0/0/1]**vrrp　vrid　2　priority**　200　（设置 R2 在 VRRP 2 中的优先级为 200）

[R2-GigabitEthernet0/0/1]**quit**

上面主要配置路由器 R2 的各接口 IP 地址和 RIP 协议。由于 R2 的 GE0/0/1 接口连接主机侧，因此进入该接口后，配置 VRRP 协议，创建 VRRP 1 组并配置其虚拟 IP 地址为 192.168.3.254，且配置 R2 在 VRRP 1 中的优先级为 100。同时创建并配置 VRRP 2 组，其虚拟 IP 地址为 192.168.3.253，优先级为 200，且在故障解除后延迟 30 s 并重新成为主设备。此外，在 VRRP 中，优先级高者为主设备，优先级低者为从设备。

第 3 步：利用命令 display vrrp 获取 R2 的 VRRP 配置情况。

[R2]**display　vrrp**

GigabitEthernet0/0/1 | Virtual Router 1

  State : Backup

  Virtual IP : 192.168.3.254

  Master IP : 192.168.3.3

  PriorityRun : 100

  PriorityConfig : 100

  MasterPriority : 150

  Preempt : YES　　Delay Time : 0 s

  TimerRun : 1 s

  TimerConfig : 1 s

  Auth type : NONE

  Virtual MAC : 0000-5e00-0101

  Check TTL : YES

  Config type : normal-vrrp

  Backup-forward : disabled

  Create time : 2020-05-05 18:29:03 UTC-08:00

  Last change time : 2020-05-05 18:36:36 UTC-08:00

GigabitEthernet0/0/1 | Virtual Router 2

  State : Master

  Virtual IP : 192.168.3.253

  Master IP : 192.168.3.2

  PriorityRun : 200

  PriorityConfig : 200

  MasterPriority : 200

  Preempt : YES　　Delay Time : 30 s

  TimerRun : 1 s

  TimerConfig : 1 s

Auth type : NONE

Virtual MAC : 0000-5e00-0102

Check TTL : YES

Config type : normal-vrrp

Backup-forward : disabled

Create time : 2020-05-05 18:32:17 UTC-08:00

Last change time : 2020-05-05 18:32:21 UTC-08:00

从上述结果中的黑色加粗内容可以看到，R2 在 VRRP 1 中为 Backup 状态，其 Virtual IP 为 192.168.3.254，Master IP 为 192.168.3.3。R2 在 VRRP 2 中为 Master 状态，Virtual IP 为 192.168.3.253，Master IP 为 192.168.3.2，说明配置成功。

第 4 步：配置路由器 R3。

<Huawei>**undo terminal monitor**

<Huawei>**system-view**

[Huawei]**sysname** R3

[R3]**interface** g0/0/0

[R3-GigabitEthernet0/0/0]**ip address** 192.168.2.2 24

[R3-GigabitEthernet0/0/0]**quit**

[R3]**interface** g0/0/1

[R3-GigabitEthernet0/0/1]**ip address** 192.168.3.3 24

[R3-GigabitEthernet0/0/1]**quit**

[R3]**rip**

[R3-rip-1]**version** 2

[R3-rip-1]**network** 192.168.2.0

[R3-rip-1]**network** 192.168.3.0

[R3-rip-1]**quit**

[R3]**interface** g0/0/1

[R3-GigabitEthernet0/0/1]**vrrp vrid** 1 **virtual-ip** 192.168.3.254

[R3-GigabitEthernet0/0/1]**vrrp vrid** 1 **priority** 150

[R3-GigabitEthernet0/0/1]**vrrp vrid** 1 **preempt-mode timer delay** 30

[R3-GigabitEthernet0/0/1]**vrrp vrid** 2 **virtual-ip** 192.168.3.253

[R3-GigabitEthernet0/0/1]**vrrp vrid** 2 **priority** 100

[R3-GigabitEthernet0/0/1]**quit**

上面配置 R3 的 VRRP 协议，创建 VRRP 1，配置其虚拟 IP 地址为 192.168.3.254，且配置 R3 在 VRRP 1 中的优先级为 150，故障解除后延迟 30 s 重新成为主设备。同时创建并配置

VRRP 2，其虚拟 IP 地址为 192.168.3.253，其优先级为 100。

第 5 步：获取 R3 的 VRRP 配置情况。

[R3]display   vrrp

   GigabitEthernet0/0/1 | Virtual Router 1

     State : Master

     Virtual IP : 192.168.3.254

     Master IP : 192.168.3.3

     PriorityRun : 150

     PriorityConfig : 150

     MasterPriority : 150

     Preempt : YES   Delay Time : 30 s

     TimerRun : 1 s

     TimerConfig : 1 s

     Auth type : NONE

     Virtual MAC : 0000-5e00-0101

     Check TTL : YES

     Config type : normal-vrrp

     Backup-forward : disabled

     Create time : 2020-05-05 18:36:19 UTC-08:00

     Last change time : 2020-05-05 18:36:35 UTC-08:00

   GigabitEthernet0/0/1 | Virtual Router 2

     State : Backup

     Virtual IP : 192.168.3.253

     Master IP : 192.168.3.2

     PriorityRun : 100

     PriorityConfig : 100

     MasterPriority : 200

     Preempt : YES   Delay Time : 0 s

     TimerRun : 1 s

     TimerConfig : 1 s

     Auth type : NONE

     Virtual MAC : 0000-5e00-0102

     Check TTL : YES

     Config type : normal-vrrp

     Backup-forward : disabled

     Create time : 2020-05-05 18:38:08 UTC-08:00

     Last change time : 2020-05-05 18:38:08 UTC-08:00

从上述结果中的黑色加粗内容可以看到，R3 在 VRRP 1 中为 Master 状态，其 Virtual IP 为 192.168.3.254，Master IP 为 192.168.3.3。R3 在 VRRP 2 中为 Backup 状态，Virtual IP 为 192.168.3.253，Master IP 为 192.168.3.2，说明配置成功。

第 6 步：下面分别测试 PC1 与 PC2、PC3 与 PC2 的连通性，其结果分别如图 3-5 和图 3-6 所示。从结果可以看出，各主机之间是相互连通的。

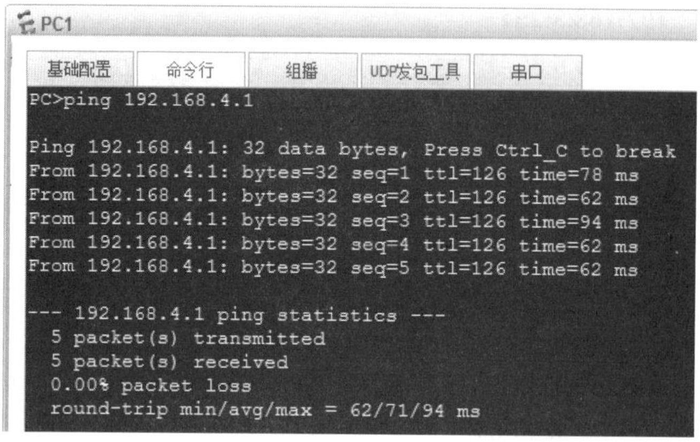

图 3-5　PC1 与 PC2 的连通性测试结果

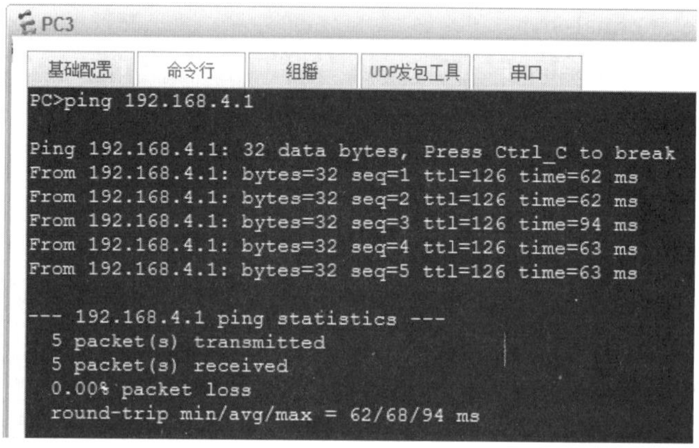

图 3-6　PC3 与 PC2 的连通性测试结果

第 7 步：利用 tracert 命令跟踪 PC1、PC3 到 PC2 的路由，结果分别如图 3-7、图 3-8 所示。

图 3-7　PC1 到 PC2 的路由信息

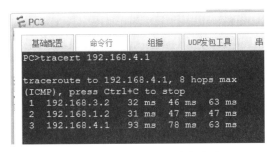

图 3-8　PC3 到 PC2 的路由信息

　　路由跟踪结果表明，PC1 到 PC2 的通信经过了路由器 R3、R1，而 PC3 到 PC2 的通信则经过了路由器 R2、R1。说明在虚拟路由设备中，物理设备 R2 和 R3 均已经处于工作状态，表明本例已成功配置 VRRP 负载均衡模式。

3.2　华为设备链路聚合技术

　　在实际网络工程应用中，为保障网络通信的可靠性和提高通信带宽，需要将交换机（或路由器）所连接的两条或多条物理链路，通过配置聚合成一条逻辑链路。如果聚合后的逻辑链路中的某一条物理链路发生故障，该逻辑链路中的其他物理链路会继续工作而不会影响网络正常通信，从而保证通信的可靠性（虽然该逻辑链路的带宽会降低）。此外，逻辑链路中的每条物理链路也起着负载分担的作用，从而具有增加链路带宽的效果。

　　链路聚合模式分为手动负载分担模式和链路聚合控制协议模式（LACP）。在手动负载分担模式下，链路中的所有活动链路都参与数据转发，可以实现基于 MAC 地址和 IP 地址的流量负载分担。在 LACP 模式下，链路两端的设备会相互发送 LACP 报文，协商链路聚合的相关参数，并选举出活动链路（用于负载分担模式下的数据转发）和非活动链路（用于冗余备份，当活动链路发生故障时，非活动链路中优先级最高的将转为活动链路）。LACP 模式有备份链路，而在手工负载分担模式下，所有链路成员接口均处于转发状态，分担负载。

　　在配置链路聚合时，聚合端口两端的成员端口可以工作在网络协议的二层或三层，但其所有参数必须一致，例如端口数量、传输速率、通信模式、流量控制等。为保证多个成员端口传输的数据帧到达目的端口顺序的一致性，聚合链路可采用负载分担机制，其数据帧可以根据实际情况，按照源 MAC、目的 MAC、源 IP、目的 IP、物理端口等不同条件进行流量分担。

3.2.1　网络拓扑结构

　　链路聚合配置实例的网络拓扑结构如图 3-9 所示。

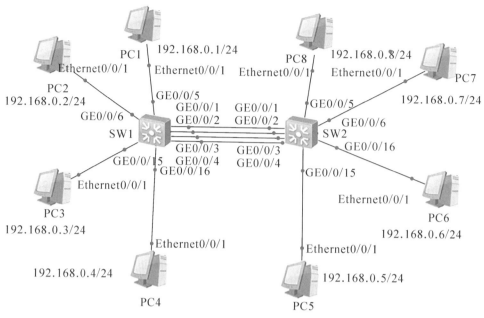

图 3-9　聚合链路配置拓扑结构

3.2.2　具体要求

（1）基于华为设备，分别配置链路聚合的手动负载分担模式和链路聚合控制协议模式（LACP）。

（2）交换机 VLAN 划分和各接口配置如表 3-3 所示，各 PC 机的 IP 地址见拓扑结构图 3-9，在此不再一一列出。

表 3-3　交换机的 VLAN 划分和各接口配置情况表

设备名	接口	VLAN	备注
SW1	GE0/0/1 ~ GE0/0/4		eth-trunk（聚合）
	GE0/0/5 ~ GE 0/0/14	VLAN 10	
	GE0/0/15 ~ GE 0/0/24	VLAN 20	
SW2	GE0/0/1 ~ GE 0/0/4		eth-trunk（聚合）
	GE0/0/5 ~ GE 0/0/14	VLAN 10	
	GE0/0/15 ~ GE 0/0/24	VLAN 20	

3.2.3　华为设备链路聚合手动负载分担模式配置

第 1 步：配置交换机 SW1。

\<Huawei\>**undo　terminal　monitor**

```
<Huawei>system-view
[Huawei]sysname  SW1
[SW1]vlan batch 10 20           （创建 VLAN 10 和 VLAN 20）


[SW1]port-group  1              （创建接口组 1，以便对组中的所有接口进行批量配置）
[SW1-port-group-1]group-member  g0/0/5  to  g0/0/14   （接口组中的接口包括
GE0/0/5 ~ GE0/0/14 的所有接口）
[SW1-port-group-1]port  link-type  access
[SW1-port-group-1]port  default  vlan  10
[SW1-port-group-1]quit


[SW1]port-group  2
[SW1-port-group-2]group-member  g0/0/15  to  g0/0/24
[SW1-port-group-2]port  link-type  access
[SW1-port-group-2]port  default  vlan  20
[SW1-port-group-2]quit


[SW1]interface  eth-trunk  1     （创建并进入聚合链路 1）
[SW1-Eth-Trunk1]trunkport  gigabitethernet  0/0/1  to  0/0/4   （将接口 GE0/0/1、
GE0/0/2、GE0/0/3 和 GE0/0/4 加入聚合链路 1）
[SW1-Eth-Trunk1]port  link-type  trunk   （设置聚合链路工作在 trunk 模式）
[SW1-Eth-Trunk1]port  trunk  allow-pass  vlan  10  20
[SW1-Eth-Trunk1]load-balance  src-dst-mac   （配置基于 src-dst-mac 的负载均衡模式）
[SW1-Eth-Trunk1]quit
```

上述命令配置聚合链路负载均衡模式为 src-dst-mac，即基于源 MAC 地址和目的 MAC 地址的负载均衡模式。链路聚合的负载均衡，按同一数据流的帧在同一条物理链路转发，不同的数据流在不同的物理链路上转发来实现，配置命令为：load-balance { dst-ip | dst-mac | src-ip | src-mac | src-dst-ip | src-dst-mac }，其负载均衡模式有：

（1）dst-ip（目的 IP 地址）模式：根据目的 IP 地址进行负载均衡。

（2）dst-mac（目的 mac 地址）模式：根据目的 MAC 地址进行负载均衡。

（3）src-ip（源 IP 地址）模式：根据源 IP 地址进行负载均衡。

（4）src-mac（源 mac 地址）模式：根据源 MAC 地址进行负载均衡。

（5）src-dst-ip（源 IP 地址和目的 IP 地址）模式：根据源 IP 和目的 IP 地址的结果进行负载均衡。

（6）src-dst-mac（源 MAC 地址和目的 MAC 地址）模式：根据源 MAC 地址和目的 MAC 地址的结果进行负载均衡。

由于负载均衡是按数据流进行，两端的负载均衡模式可以不一致且互不影响。

第 2 步：配置交换机 SW2。

<Huawei>**undo terminal monitor**

<Huawei>**system-view**

[Huawei]**sysname** SW2

[SW2]**vlan batch** 10 20

[SW2]**port-group** 1

[SW2-port-group-1]**group-member** g0/0/5 to g0/0/14

[SW2-port-group-1]**port link-type access**

[SW2-port-group-1]**port default vlan** 10

[SW2-port-group-1]**quit**

[SW2]**port-group** 2

[SW2-port-group-2]**group-member** g0/0/15 to g0/0/24

[SW2-port-group-2]**port link-type access**

[SW2-port-group-2]**port default vlan** 20

[SW2-port-group-2]**quit**

[SW2]**interface eth-trunk** 1

[SW2-Eth-Trunk1]**trunkport gigabitethernet** 0/0/1 to 0/0/4

[SW2-Eth-Trunk1]**port link-type trunk**

[SW2-Eth-Trunk1]**port trunk allow-pass vlan** 10 20

[SW2-Eth-Trunk1]**load-balance src-dst-mac**

[SW2-Eth-Trunk1]**quit**

需要说明的是，对于交换机 SW2，要配置与 SW1 一样的接口参数、工作模式等。

第 3 步：用命令 display eth-trunk 分别查看 SW1、SW2 的链路聚合配置结果

[SW1]**display eth-trunk**

Eth-Trunk1's state information is:

WorkingMode: NORMAL   Hash arithmetic: According to SA-XOR-DA

Least Active-linknumber: 1   Max Bandwidth-affected-linknumber: 8

Operate status: up   Number Of Up Port In Trunk: 4

PortName	Status	Weight
GigabitEthernet0/0/1	Up	1
GigabitEthernet0/0/2	Up	1
GigabitEthernet0/0/3	Up	1
GigabitEthernet0/0/4	Up	1

[SW2]**display   eth-trunk**

Eth-Trunk1's state information is:

WorkingMode: NORMAL   Hash arithmetic: According to SA-XOR-DA

Least Active-linknumber: 1   Max Bandwidth-affected-linknumber: 8

Operate status: up   Number Of Up Port In Trunk: 4

PortName	Status	Weight
GigabitEthernet0/0/1	Up	1
GigabitEthernet0/0/2	Up	1
GigabitEthernet0/0/3	Up	1
GigabitEthernet0/0/4	Up	1

上述结果表明，SW1 和 SW2 的 GE0/0/1、GE0/0/2、GE0/0/3 和 GE0/0/4 端口已配置为聚合链路（端口状态为 Up），其工作模式（WorkingMode）为 NORMAL，使用的负载均衡算法（Hash arithmetic）为 According to SA-XOR-DA，说明前述配置正确。

第 4 步：使用 Ping 命令测试各主机之间的连通性。

VLAN 20 中的 PC3 与 PC5 之间的连通性测试如图 3-10 所示，结果为能相互通信。由于 PC3 和 PC5 是通过 SW1 和 SW2 之间的聚合链路通信，说明本实验的聚合链路配置成功。

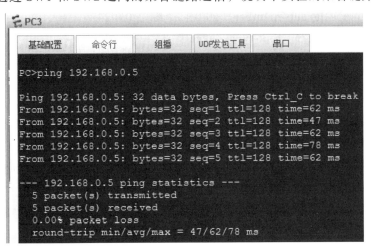

图 3-10   VLAN 20 中的 PC3 与 PC5 之间的连通性测试结果

3.2.4   华为设备链路聚合 LACP 模式配置

启用 LACP 协议的设备在通信链路上发送 LACPDU（链接汇聚控制协议数据单元）来控制链路端口的汇聚和退出。运行 LACP 协议的设备，可以被配置为 Active（主动）或 Passive（被动）模式。在 Active 模式下，设备主动在所配置的链路上发送 LACPDU 来协商负载均衡。

在 Passive 模式下，设备被动应答主动设备发来的 LACPDU。LACP 聚合链路的发送端称为 Actor，接收端称为 Partner。

本小节实例的网络拓扑结构图和具体配置要求同 3.2.1 小节和 3.2.2 小节，下面给出具体配置步骤。

第 1 步：配置交换机 SW1。

```
<Huawei>undo  terminal  monitor
<Huawei>system-view
[Huawei]sysname  SW1

[SW1]vlan  batch  10  20
[SW1]port-group  1              （创建端口组 1）
[SW1-port-group-1]group-member  g0/0/5  to  g0/0/14    （将端口 GE0/0/5 至 GE0/0/14
的所有端口加入端口组 1，以便后续进行批量配置）
[SW1-port-group-1]port  link-type  access    （配置端口模式为 access）
[SW1-port-group-1]port  default  vlan  10     （将端口划分到 VLAN 10）
[SW1-port-group-1]quit

[SW1]port-group  2
[SW1-port-group-2]group-member  g0/0/15  to  g0/0/24
[SW1-port-group-2]port  link-type  access
[SW1-port-group-2]port  default  vlan  20
[SW1-port-group-2]quit

[SW1]interface  eth-trunk  1                （建立并进入聚合链路接口 eth-trunk 1）
[SW1-Eth-Trunk1]mode  lacp-static            （设置链路模式为静态 LACP 模式）
[SW1-Eth-Trunk1]trunkport  gigabitethernet  0/0/1  to  0/0/4    （添加接口成员为
GE0/0/1 至 GE0/0/4）
[SW1-Eth-Trunk1]max  active-linknumber  3    （设置聚合链路组的接口活动成员最大
数值为 3，缺省情况下，聚合链路组活动接口数的上限阈值是 8）

[SW1-Eth-Trunk1]port  link-type  trunk
[SW1-Eth-Trunk1]port  trunk  allow-pass  vlan  10  20
[SW1-Eth-Trunk1]quit

[SW1]lacp  priority  100                 （设置系统优先级，使该交换机成为主控端）
[SW1]interface  gigabitethernet  0/0/1
[SW1-GigabitEthernet0/0/1]lacp  priority  100  （活动链路优先级，优先数越低，优先
```

级越高）

[SW1-GigabitEthernet0/0/1]**quit**

[SW1]**interface   gigabitethernet**   0/0/2

[SW1-GigabitEthernet0/0/2]**lacp   priority**   100

[SW1]**interface   gigabitethernet**   0/0/3

[SW1-GigabitEthernet0/0/2]**lacp   priority**   100

[SW1]**interface   gigabitethernet**   0/0/4

[SW1-GigabitEthernet0/0/2]**lacp   priority**   100

[SW1-GigabitEthernet0/0/2]**quit**

第 2 步：配置交换机 SW2。

<Huawei>**undo   terminal   monitor**

<Huawei>**system-view**

[Huawei]**sysname**   SW2

[SW2]**vlan   batch**   10   20

[SW2]**port-group**   1

[SW2-port-group-1]**group-member**   g0/0/5   to   g0/0/14

[SW2-port-group-1]**port   link-type   access**

[SW2-port-group-1]**port   default   vlan**   10

[SW2-port-group-1]**quit**

[SW2]**port-group**   2

[SW2-port-group-2]**group-member**   g0/0/15   to   g0/0/24

[SW2-port-group-2]**port   link-type   access**

[SW2-port-group-2]**port   default   vlan**   20

[SW2-port-group-2]**quit**

[SW2]**interface   eth-trunk**   1

[SW2-Eth-Trunk1]**mode   lacp-static**

[SW2-Eth-Trunk1]**trunkport   gigabitethernet**   0/0/1   to   0/0/4

[SW2-Eth-Trunk1]**max   active-linknumber**   3

[SW2-Eth-Trunk1]**port   link-type   trunk**

[SW2-Eth-Trunk1]**port   trunk   allow-pass   vlan**   10   20

[SW2-Eth-Trunk1]**quit**

由于 SW2 为被控端，所以可以不用设置其 LACP 优先级，本例中取其默认值 32768 而未做进一步配置。当然，也可以设置其优先级，例如做如下配置：

[SW2]**lacp   priority**   200

[SW2]**port-group** 3

[SW2-port-group-3]**group-member** g0/0/1 to g0/0/4

[SW2-port-group-3]**lacp priority** 200

[SW2-port-group-3]**quit**

第 3 步：测试。

使用命令 display eth-trunk，分别显示 SW1、SW2 的聚合链路配置情况。

[SW1]**display eth-trunk** 1

Eth-Trunk1's state information is:

Local:

LAG ID: 1   WorkingMode: STATIC

Preempt Delay: Disabled   Hash arithmetic: According to SIP-XOR-DIP

System Priority: 100   System ID: 4c1f-cc48-7581

Least Active-linknumber: 1   Max Active-linknumber: 3

Operate status: up   Number Of Up Port In Trunk: 3

ActorPortName	Status	PortType	PortPri	PortNo	PortKey	PortState	Weight
GigabitEthernet0/0/1	Selected	1GE	100	2	305	10111100	1
GigabitEthernet0/0/2	Selected	1GE	100	3	305	10111100	1
GigabitEthernet0/0/3	Selected	1GE	100	4	305	10111100	1
GigabitEthernet0/0/4	Unselect	1GE	100	5	305	10100000	1

Partner:

ActorPortName	SysPri	SystemID	PortPri	PortNo	PortKey	PortState
GigabitEthernet0/0/1	32768	4c1f-ccfc-248f	32768	2	305	10111100
GigabitEthernet0/0/2	32768	4c1f-ccfc-248f	32768	3	305	10111100
GigabitEthernet0/0/3	32768	4c1f-ccfc-248f	32768	4	305	10111100
GigabitEthernet0/0/4	32768	4c1f-ccfc-248f	32768	5	305	10100000

上述结果表明，SW1 的 GE0/0/1、GE0/0/2 和 GE0/0/3 状态是 Selected，说明已被选中，是活动端口，其端口优先级（PortPri）为 100，而端口 GE0/0/4 处于 Unselect 状态，说明未使用。SW1 的对端（SW2）伙伴（Partner）的默认系统优先级（SysPri）和端口优先级（PortPri）为 32768，由于这里未配置 SW2 的 LACP 优先级，而系统取其默认值 32768。

[SW2]**display eth-trunk** 1

Eth-Trunk1's state information is:

Local:

LAG ID: 1   WorkingMode: STATIC

Preempt Delay: Disabled   Hash arithmetic: According to SIP-XOR-DIP

System Priority: 32768   System ID: 4c1f-ccfc-248f

Least Active-linknumber: 1   Max Active-linknumber: 3

Operate status: up   Number Of Up Port In Trunk: 3

ActorPortName	Status	PortType	PortPri	PortNo	PortKey	PortState	Weight
GigabitEthernet0/0/1	Selected	1GE	32768	2	305	10111100	1
GigabitEthernet0/0/2	Selected	1GE	32768	3	305	10111100	1
GigabitEthernet0/0/3	Selected	1GE	32768	4	305	10111100	1
GigabitEthernet0/0/4	Unselect	1GE	32768	5	305	10100000	1

Partner:

ActorPortName	SysPri	SystemID	PortPri	PortNo	PortKey	PortState
GigabitEthernet0/0/1	100	4c1f-cc48-7581	100	2	305	10111100
GigabitEthernet0/0/2	100	4c1f-cc48-7581	100	3	305	10111100
GigabitEthernet0/0/3	100	4c1f-cc48-7581	100	4	305	10111100
GigabitEthernet0/0/4	100	4c1f-cc48-7581	100	5	305	10100000

从上面结果可以看出，交换机 SW1、SW2 的聚合端口与对端均有伙伴端口（Partner），且当前的最大活动成员数为 3（Max Active-linknumber: 3），表明 SW1 和 SW2 的 LACP 模式配置正确。

下面测试 VLAN 20 中的 PC3 与 VLAN10 中的 PC5 的连通性，结果如图 3-11 所示。测试结果表明，PC3 与 PC5 能相互通信，本例聚合链路 LACP 模式配置成功。

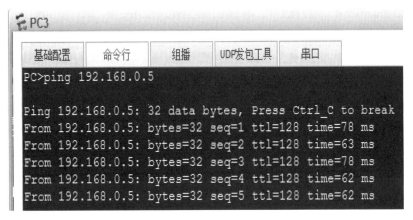

图 3-11 PC3 与 PC5 的连通性测试结果

假如我们关闭掉 SW1 的 GE0/0/1 端口，命令如下：

[SW1]**interface**　g0/0/1

[SW1-GigabitEthernet0/0/1]**shutdown**　（关闭 GE0/0/1 端口）

[SW1-GigabitEthernet0/0/1]**quit**

再次利用 display eth-trunk 1 命令，显示 SW1 的聚合链路配置情况，结果如下：

[SW1]**display**　**eth-trunk**　1

Eth-Trunk1's state information is:

Local:

LAG ID: 1　　　　　　　　　　　WorkingMode: STATIC

Preempt Delay: Disabled　　　Hash arithmetic: According to SIP-XOR-DIP

System Priority: 100　　　　　System ID: 4c1f-cc48-7581

Least Active-linknumber: 1　　Max Active-linknumber: 3

Operate status: up　　　　　　Number Of Up Port In Trunk: 3

ActorPortName	Status	PortType	PortPri	PortNo	PortKey	PortState	Weight
GigabitEthernet0/0/1	Unselect	1GE	100	2	305	10100010	1
GigabitEthernet0/0/2	Selected	1GE	100	3	305	10111100	1
GigabitEthernet0/0/3	Selected	1GE	100	4	305	10111100	1
GigabitEthernet0/0/4	Selected	1GE	100	5	305	10111100	1

Partner:

ActorPortName	SysPri	SystemID	PortPri	PortNo	PortKey	PortState
GigabitEthernet0/0/1	0	0000-0000-0000	0	0	0	10100011
GigabitEthernet0/0/2	32768	4c1f-ccfc-248f	32768	3	305	10111100
GigabitEthernet0/0/3	32768	4c1f-ccfc-248f	32768	4	305	10111100
GigabitEthernet0/0/4	32768	4c1f-ccfc-248f	32768	5	305	10111100

从上面结果可以看出，如果交换机 SW1 端口 GE0/0/1 因出现问题而不能工作（SW1 的 GE0/0/1 状态为 Unselect），则 SW2 的 GE0/0/1 端口也相应未启用，但 SW1 和 SW2 均启用了端口 GE0/0/4，以保证最大活动端口数为 3。

3.3　思科设备链路聚合技术

3.3.1　网络拓扑结构

链路聚合配置的拓扑结构如图 3-9 所示，此处不再列出。

3.3.2　具体要求

（1）基于思科设备，分别配置链路聚合的手动负载均衡和链路聚合控制协议模式（LACP）。

（2）交换机 VLAN 划分和各接口配置如表 3-3 所示，各 PC 机的 IP 地址如拓扑结构图 3-9
所示，此处不再列出。

3.3.3　思科设备链路聚合手动负载分担模式配置

第 1 步：配置交换机 SW1。

Switch>**enable**

Switch#**config   terminal**　　（进入全局配置模式）

Switch(config)#**hostname**　　SW1

SW1(config)#**vlan**　　10

SW1(config-vlan)#**exit**

SW1(config)#**vlan**　　20

SW1(config-vlan)#**exit**

SW1(config)#

SW1(config)#**interface   range**　　f0/5-14

SW1(config-if-range)#**switchport   mode   access**

SW1(config-if-range)#**switchpor   access   vlan**　　10

SW1(config-if-range)#**exit**

SW1(config)#

SW1(config)#**interface   range**　　f0/15-24

SW1(config-if-range)#**switchport   mode   access**

SW1(config-if-range)#**switchpor   access   vlan**　　20

SW1(config-if-range)#**exit**

SW1(config)#

SW1(config)#**interface   port-channel**　　1　（建立聚合链路 1）

SW1(config-if)#**description**　　f0/1-4　　　（将接口 f0/1、f0/2、f0/3、f0/4 加入聚合链路 1）

SW1(config-if)#**switchport   mode   trunk**　　（设置链路类型为 trunk）

SW1(config-if)#**switchport   trunk   allowed   vlan   all**　（该链路允许所有 VLAN 通过）

SW1(config-if)#**exit**

SW1(config)#**port-channel   load-balance   src-dst-mac**　　（根据源 MAC 和目的 MAC 实
现负载分担）

该命令设置链路负载分担模式为：src-dst-mac，则通信流根据源 MAC 与目的 MAC 进行负载分担：不同的源 MAC—目的 MAC 对之间的通信，通过不同的链路转发；同一源 MAC-目的 MAC 对之间的通信，通过相同的链路转发。

SW1(config)#**interface   range**   f0/1-4
SW1(config-if-range)#**channel-group**   1   **mode   on**   （开启聚合链路 1）
SW1(config-if-range)#**exit**
SW1(config)#**exit**

第 2 步：用命令 show etherchannel summary 显示聚合链路配置情况。
SW1#**show   etherchannel   summary**
Flags: D - down   P - in port-channel
             I - stand-alone s - suspended
             H - Hot-standby (LACP only)
             R - Layer3   S - Layer2
             U - in use   f - failed to allocate aggregator
             u - unsuitable for bundling
             w - waiting to be aggregated
             d - default port

Number of channel-groups in use: 1
Number of aggregators: 1
Group   Port-channel   Protocol   Ports
------+-------------+-----------+---
1   Po1(SU)   -   Fa0/1(P) Fa0/2(P) Fa0/3(P) Fa0/4(P)

上面结果中的 Number of aggregators: 1 表明聚合数为 1；最后一行结果表明，正在使用的聚合端口为 Fa0/1 ~ Fa0/4，说明配置成功。

第 3 步：配置交换机 SW2。
Switch>**enable**
Switch#c**onfig   terminal**
Switch(config)#**hostname**   SW2
SW2(config)#**vlan**   10
SW2(config-vlan)#**exit**
SW2(config)#**vlan**   20
SW2(config-vlan)#**exit**

SW2(config)#**interface   range**   f0/5-14

SW2(config-if-range)#**switchport   mode   access**

SW2(config-if-range)#**switchport   access   vlan**   10

SW2(config-if-range)#**exit**

SW2(config)#**interface   range**   f0/15-24

SW2(config-if-range)#**switchport   mode   access**

SW2(config-if-range)#**switchport   access   vlan**   20

SW2(config-if-range)#**exit**

SW2(config)#**interface   port-channel**   1   （建立聚合链路 1）

SW2(config-if)#**description** f0/1-4   （将接口 f0/1、f0/2、f0/3、f0/4 加入聚合链路 1）

SW2(config-if)#**switchport   mode   trunk**   （设置链路类型为 trunk）

SW2(config-if)#**switchport   trunk   allowed   vlan   all**（该链路允许所有 VLAN 通过）

SW2(config-if)#**exit**

SW2(config)#**port-channel   load-balance   src-dst-mac**   （根据源 MAC 和目的 MAC 实现负载均衡）

SW2(config)#**interface   range**   f0/1-4

SW2(config-if-range)#**channel-group**   1   **mode   on**   （开启聚合链路 1）

SW2(config-if-range)#**exit**

SW2(config)#**exit**

第 4 步：显示聚合链路配置情况。

SW2#**show   etherchannel   summary**

Flags: D - down   P - in port-channel

   I - stand-alone s - suspended

   H - Hot-standby (LACP only)

   R - Layer3   S - Layer2

   U - in use   f - failed to allocate aggregator

   u - unsuitable for bundling

   w - waiting to be aggregated

   d - default port

Number of channel-groups in use: 1

Number of aggregators: 1

Group   Port-channel   Protocol   Ports

------+-------------+-----------+---

1   Po1(SU)   -   Fa0/1(P) Fa0/2(P) Fa0/3(P) Fa0/4(P)

该结果与 SW1 的结果一样，表明配置正确。

第 5 步：测试主机 PC3 与 PC5 之间的连通性（在 PC3 上测试）。
PC>**ping   192.168.0.5**
Pinging 192.168.0.5 with 32 bytes of data:
Reply from 192.168.0.5: bytes=32 time=1ms TTL=128
Reply from 192.168.0.5: bytes=32 time=0ms TTL=128
Reply from 192.168.0.5: bytes=32 time=1ms TTL=128
Reply from 192.168.0.5: bytes=32 time=0ms TTL=128
Ping statistics for 192.168.0.5:
      Packets: Sent = 4, Received = 4, Lost = 0 (0% loss),
Approximate round trip times in milli-seconds:
Minimum = 0ms, Maximum = 1ms, Average = 0ms

上述结果表明，VLAN20 中的 PC3 与 VLAN10 中的 PC5 虽然接入不同的交换机，但通过链路聚合能相互通信，说明配置成功。

3.3.4   思科设备链路聚合 LACP 模式配置

本小节的网络拓扑结构图和具体要求同 3.2.1 小节和 3.2.2 小节，下面给出配置步骤。

第 1 步：配置交换机 SW1。
Switch>**enable**
Switch#**config   terminal**
Switch(config)#**hostname   SW1**
SW1(config)#**vlan   10**   （创建 VLAN 10）
SW1(config-vlan)#**exit**
SW1(config)#**vlan   20**   （创建 VLAN 20）
SW1(config-vlan)#**exit**
SW1(config)#

SW1(config)#**interface   range   f0/5-14**
SW1(config-if-range)#**switchport   mode   access**
SW1(config-if-range)#**switchport   access   vlan   10**
SW1(config-if-range)#**exit**

上述命令将接口 f0/5 ~ f0/14 加入 VLAN10，并设置接口模式为 access。

SW1(config)#**interface   range**   f0/15-24

SW1(config-if-range)#**switchport   mode   access**

SW1(config-if-range)#**switchport   access   vlan**   20

SW1(config-if-range)#**exit**

上述命令将接口 f0/15 ~ f0/24 加入 VLAN20，并设置接口模式为 access。

SW1(config)#**interface   range**   f0/1-4

SW1(config-if-range)#**channel-protocol   lacp**

SW1(config-if-range)#**channel-group   1   mode   active**

上述命令用于启用链路聚合 LACP 协议（其中接口为 f0/1 ~ f0/4），并设置本端为主动协商端口，通过发送 LACP 数据包，与其他端口主动协商聚合链路相关参数。

SW1(config-if-range)#**interface   port-channel**   1

SW1(config-if)#**switchport   mode   trunk**

SW1(config-if)#**switchport   trunk   allowed   vlan   all**

SW1(config-if)#**exit**

SW1(config)#**exit**

上述命令用于设置聚合链路工作在 trunk 模式，并允许所有 VLAN 通过。

第 2 步：查看 SW1 上的聚合链路配置情况。

SW1#**show   etherchannel   summary**

Flags: D - down   P - in port-channel

         I - stand-alone s - suspended

         H - Hot-standby (LACP only)

         R - Layer3   S - Layer2

         U - in use   f - failed to allocate aggregator

         u - unsuitable for bundling

         w - waiting to be aggregated

         d - default port

Number of channel-groups in use: 1

Number of aggregators: 1

Group   Port-channel   Protocol   Ports

------+-------------+-----------+---

1   Po1(SU)   LACP   Fa0/1(P) Fa0/2(P) Fa0/3(P) Fa0/4(P)

SW1#

上面结果中的 Number of aggregators: 1 表明链路聚合数为 1；最后一行结果表明，正在使用的聚合端口为 Fa0/1 ~ Fa0/4，说明配置正确。

第 3 步：配置交换机 SW2。

Switch>**enable**

Switch#**config   terminal**

Switch(config)#**hostname   SW2**

SW2(config)#**vlan   10**

SW2(config-vlan)#**exit**

SW2(config)#**vlan   20**

SW2(config-vlan)#**exit**

SW2(config)#**interface   range   f0/5-14**

SW2(config-if-range)#**switchport   mode   access**

SW2(config-if-range)#**switchport   access   vlan   10**

SW2(config-if-range)#**exit**

SW2(config)#**interface   range   f0/15-24**

SW2(config-if-range)#**switchport   mode   access**

SW2(config-if-range)#**switchport   access   vlan   20**

SW2(config-if-range)#**exit**

SW2(config)#**interface   range   f0/1-4**

SW2(config-if-range)#**channel-protocol   lacp**

SW2(config-if-range)#**channel-group   1   mode   passive**

该命令用于设置本链路端为被动协商状态，会对接收到的 LACP 数据包做出响应，但不主动发送 LACP 包进行端口协商。

SW2(config-if-range)#**exit**

SW2(config)#**interface   port-channel   1**

SW2(config-if)#**switchport   mode   trunk**

SW2(config-if)#**switchport   trunk   allowed   vlan   all**

SW2(config-if)#**exit**

第 4 步：查看 SW2 的聚合链路配置情况。

SW2#**show   etherchannel   summary**

Flags: D - down   P - in port-channel

I - stand-alone s - suspended

H - Hot-standby (LACP only)

R - Layer3   S - Layer2

U - in use   f - failed to allocate aggregator

u - unsuitable for bundling

w - waiting to be aggregated

d - default port

Number of channel-groups in use: 1

Number of aggregators: 1

Group   Port-channel   Protocol   Ports
------+-------------+-----------+--

1   Po1(SU)   LACP   Fa0/1(P) Fa0/2(P) Fa0/3(P) Fa0/4(P)

该结果与 SW1 的结果一样，表明配置正确。

第 4 章

IP 组播及其在华为设备上的实现

4.1　IGMP 协议基本配置

互联网管理协议（IGMP,Internet Group Management Protocol）是因特网协议簇中的一个组播协议。

IGMP 协议用于主机（组播成员）到其最后一跳路由器之间，主机使用 IGMP 报文向路由器申请加入和退出组播组。默认时路由器是不会在接口下转发组播数据流的，除非该接口存在组成员信息。路由器通过 IGMP 查询网段上是否有组播组的成员，IGMP 通过在接收主机和组播路由器之间交换IGMP报文实现组成员管理功能,IGMP报文封装在IP报文中。IGMP有三个版本，分别是 IGMPv1、IGMPv2 和 IGMPv3。

IGMPv1 主要基于查询和响应机制来完成组播组的管理。主机通过发送 Report 消息加入某组播组，主机离开组播组时不发送离开报文，离开后再收到路由器发送的查询报文时不再反馈 Report 消息，待维护成员关系的定时器超时后，路由器会自动删除该主机的成员记录。

IGMPv2 与 IGMPv1 相似，主要的不同点在于 IGMPv2 具有报文抑制的功能，可以减少不必要的重复报文，以达到节省网络资源的目的。另外，主机在离开组播组时会主动向路由器发送离开报文。

IGMPv1 和 IGMPv2 报文都只能携带组播组的信息，而不能携带组播源的信息，所以主机只能选择加入某个组而不能选择加入某个组播源。IGMPv3 就很好地解决了这个问题，主机发送的报文中可以包含多个组记录，每个记录可以包含多个组播源，以解决选择组播源的问题。本小节中，我们选择 IGMPv2 进行实验。

4.1.1　网络拓扑结构

IGMP 配置拓扑结构如图 4-1 所示。

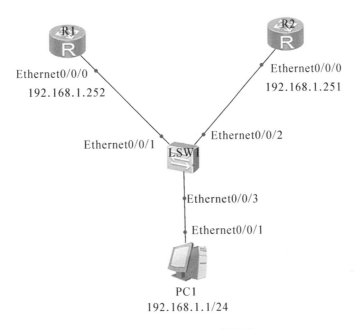

图 4-1　IGMP 配置拓扑结构

4.1.2　具体要求

（1）配置路由器 IGMP 协议。
（2）配置主机 IP 地址和子网掩码，并使其加入组播组。
（3）通过抓包和命令验证配置。

4.1.3　完整的配置命令

准备工作：根据图 4-1 的网络拓扑结构，在华为 eNSP 模拟器中，正确连接各个设备，配置 PC1 的 IP 地址和子网掩码。

第 1 步：在 R1 上配置端口 IP 地址并启动组播路由功能。

<Huawei>**undo terminal monitor**　　　　　（关闭路由器的调试、日志等各项信息显示功能）

<Huawei>**system-view**　　　　　　　　　　　　（进入系统视图）

[Huawei]**sysname R1**　　　　　　　　　　　（将路由器命名为R1）

[R1]**multicast routing-enable**　　　　　　　（激活组播路由功能）

[R1]**interface e0/0/0**　　　　　　　　　　（进入接口Ethernet0/0/0）

[R1-Ethernet0/0/0]**ip address 192.168.1.252 24**（配置接口IP地址和子网掩码）

　[R1-Ethernet0/0/0]**igmp enable**　　　　　　　（接口启用IGMP协议）

[R1-Ethernet0/0/0]**quit**

第 2 步：在 R2 上配置端口 IP 地址并启动组播路由功能。

<Huawei>**undo terminal monitor**　　　　（关闭路由器的调试、日志等各项信息显示功能）

<Huawei>**system-view**　　　　　　　　　　　　（进入系统视图）

[Huawei]**sysname R2**　　　　　　　　　　　　（将路由器命名为R2）

[R2]**multicast routing-enable**　　　　　　　（激活组播路由功能）

[R2]**interface e0/0/0**　　　　　　　　　　　（进入接口Ethernet0/0/0）

[R2-Ethernet0/0/0]**ip address 192.168.1.251 24**（配置接口IP地址和子网掩码）

[R2-Ethernet0/0/0]**igmp enable**　　　　　　　（接口启用IGMP协议）

[R2-Ethernet0/0/0]**quit**

第 3 步：配置主机 PC1 的 IP 地址等信息，如图 4-2 所示。

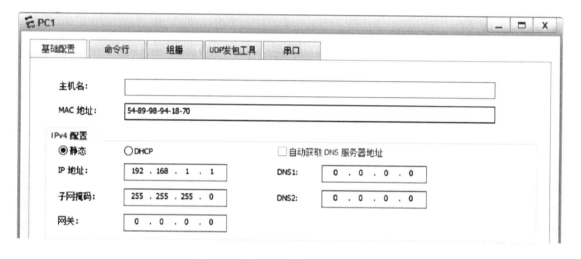

图 4-2　配置 PC1 的 IP 地址等信息

第 4 步：将 PC1 加入组播组。

双击 PC1，在组播选项中填入目的组播 IP，然后加入该组播，如图 4-3 所示。

图 4-3　将 PC1 加入组播

第 5 步：测试。在 R2 的 Ethernet0/0/0 端口点击"开始抓包"（见图 4-4），查看抓包结果，如图 4-5 所示。

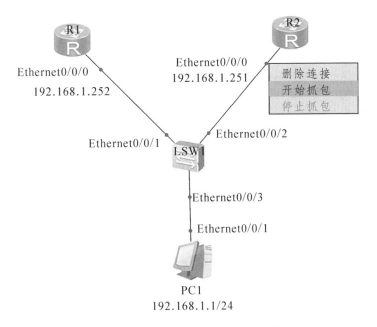

图 4-4 在 R2 的 Ethernet0/0/0 口抓包

No.	Time	Source	Destination	Protocol	Length	Info
23	48.860000	192.168.1.251	224.0.0.1	IGMPv2	60	Membership Query, general
24	48.875000	192.168.1.1	224.1.1.1	IGMPv2	46	Membership Report group 224.1.1.1
52	108.828000	192.168.1.251	224.0.0.1	IGMPv2	60	Membership Query, general
53	108.860000	192.168.1.1	224.1.1.1	IGMPv2	46	Membership Report group 224.1.1.1

> Frame 53: 46 bytes on wire (368 bits), 46 bytes captured (368 bits) on interface 0
> Ethernet II, Src: HuaweiTe_b0:10:6d (54:89:98:b0:10:6d), Dst: IPv4mcast_01:01:01 (01:00:5e:01:01:01)
> Internet Protocol Version 4, Src: 192.168.1.1, Dst: 224.1.1.1
> Internet Group Management Protocol

图 4-5 查看抓包结果

图 4-5 中 1 号包为一个普遍组查询的包，每间隔 60 s 就会向 224.0.0.1（也就是所有节点）发送，对网络中的所有组播组进行查询。

在进行第 4 步操作之后，R2 的 Ethernet0/0/0 端口会出现图 4-5 中的 2 号包，该包为主机 PC1 所发出的成员关系报告，用于加入 224.1.1.1 这个组播组。

第 6 步：测试。在 R2 中查看 IGMP 的组播表与路由表。

[R2]**display igmp group**   （查看 IGMP 的组播表）

Interface group report information of VPN-Instance: public net

  Ethernet0/0/0(192.168.1.251):

```
        Total 1 IGMP Group reported
          Group Address      Last Reporter    Uptime        Expires
          224.1.1.1          192.168.1.1      00:09:34      00:01:32
```
[R2]**display igmp routing-table**　　　　　　　　　　　　　（查看 IGMP 的路由表项）
```
Routing table of VPN-Instance: public net
  Total 1 entry

  00001. (*, 224.1.1.1)
          List of 1 downstream interface
          Ethernet0/0/0 (192.168.1.251),
                  Protocol: IGMP
```
　　通过上述结果可以看到，主机可以通过IGMP通知路由器接收或离开某个特定组播组。路由器可以通过IGMP周期性地查询局域网内的组播组成员是否处于活动状态，实现所连网段组成员关系的收集与维护。

4.2　PIM-DM 协议基本配置

　　独立组播协议（PIM）主要分为两种模式：稀疏模式与密集模式。本小节进行密集模式独立组播协议（PIM-DM，Protocol Independent Multicast-Dense Mode）配置。PIM-DM 使用"推（Push）模式"转发组播报文，一般用于组播组成员规模相对较小的网络。在此模式中组播数据包被推送到网络的各个角落，然后进行剪枝操作，不需要的组播流量将被自动从组播分发树上修剪掉。

　　PIM-DM 先假设网络中的每个子网都存在至少一个组成员，并将组播数据包扩散到网络中的所有路由器，然后对于实际上没有组成员的分支进行剪枝操作。所谓剪枝（Prune），就是路由器向上游节点发送剪枝消息，通知上游节点不再转发组播数据到该分支。上游节点收到消息后，会将对应的接口从组播转发表项中删除，只保留包含组成员的分支，这样便可以减少网络资源的消耗。

　　通过这样的操作，PIM-DM 可以构建并动态地维护一棵从组播源到组成员的单向无环 SPT（Short Path Tree）。SPT 是以组播源为根，组播组成员为枝叶的一根最短路径树，此树也就是组播数据的转发路径。

4.2.1　网络拓扑结构

　　PIM-DM 协议配置拓扑结构如图 4-6 所示。

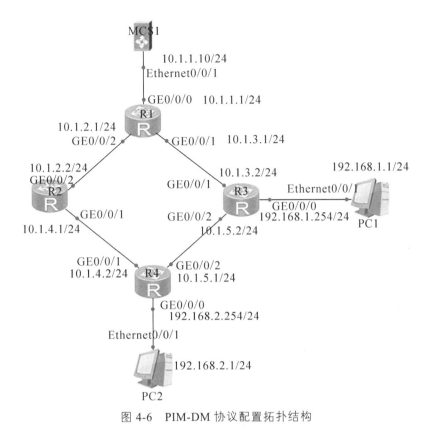

图 4-6　PIM-DM 协议配置拓扑结构

4.2.2　具体要求

（1）配置主机 IP 地址和子网掩码，并使其加入组播组。

（2）配置路由器单播协议。

（3）启用路由器组播功能，路由器端口激活 PIM-DM。

4.2.3　完整的配置命令

准备工作：根据图 4-6 所示的网络拓扑结构，在华为 eNSP 模拟器中，正确连接各个设备，配置 PC1、PC2 的 IP 地址和子网掩码。

第 1 步：配置路由器 R1 各个端口的 IP 地址与子网掩码，并使各端口加入单播路由协议 OSPF 协议。

<Huawei>**undo terminal monitor**　　　　　（关闭路由器的调试、日志各项信息显示功能）

<Huawei>**system-view**　　　　　　　　　　（进入系统视图）

[Huawei]**sysname R1**　　　　　　　　　　　（将路由器命名为R1）

[R1]**interface g0/0/0**　　　　　　　　　　　（进入接口GE0/0/0）

[R1-GigabitEthernet0/0/0]**ip address 10.1.1.1 24**　　　（配置接口IP地址）

[R1-GigabitEthernet0/0/0]**interface g0/0/1**

[R1-GigabitEthernet0/0/1]**ip address 10.1.3.1 24**

[R1-GigabitEthernet0/0/1]**interface g0/0/2**

[R1-GigabitEthernet0/0/2]**ip address 10.1.2.1 24**

[R1-GigabitEthernet0/0/2]**quit**

[R1]**ospf 1**   (启动OSPF进程，进入OSPF视图)

[R1-ospf-1]**area 0**   (创建并进入OSPF区域视图)

[R1-ospf-1-area-0.0.0.0]**network 10.1.1.0 0.0.0.255**(配置区域所包含的网段)

[R1-ospf-1-area-0.0.0.0]**network 10.1.2.0 0.0.0.255**

[R1-ospf-1-area-0.0.0.0]**network 10.1.3.0 0.0.0.255**

第 2 步：配置路由器 R2 各个端口的 IP 地址与子网掩码，并使各端口加入单播路由协议 OSPF 协议。

  <Huawei>**undo terminal monitor**   (关闭路由器的调试、日志各项信息显示功能)

  <Huawei>**system-view**   (进入系统视图)

  [Huawei]**sysname R2**   (将路由器命名为R2)

  [R2]**interface g0/0/2**   (进入接口GE0/0/2)

  [R2-GigabitEthernet0/0/2]**ip address 10.1.2.2 24**   (配置接口IP地址)

  [R2-GigabitEthernet0/0/2]**interface g0/0/1**

  [R2-GigabitEthernet0/0/1]**ip address 10.1.4.1 24**

  [R2-GigabitEthernet0/0/1]**quit**

  [R2]**ospf 1**   (启动OSPF进程，进入OSPF视图)

  [R2-ospf-1]**area 0**   (创建并进入OSPF区域视图)

  [R2-ospf-1-area-0.0.0.0]**network 10.1.2.0 0.0.0.255**(配置区域所包含的网段)

  [R2-ospf-1-area-0.0.0.0]**network 10.1.4.0 0.0.0.255**

第 3 步：配置路由器 R3 各个端口的 IP 地址与子网掩码，并使各端口加入单播路由协议 OSPF 协议。

  <Huawei>**undo terminal monitor**   (关闭路由器的调试、日志各项信息显示功能)

  <Huawei>**system-view**   (进入系统视图)

  [Huawei]**sysname R3**   (将路由器命名为R3)

  [R3]**interface g0/0/0**   (进入接口GE0/0/0)

  [R3-GigabitEthernet0/0/0]**ip address 192.168.1.254 24**   (配置接口IP地址)

  [R3-GigabitEthernet0/0/0]**interface g0/0/1**

  [R3-GigabitEthernet0/0/1]**ip address 10.1.3.2 24**

  [R3-GigabitEthernet0/0/1]**interface g0/0/2**

  [R3-GigabitEthernet0/0/2]**ip address 10.1.5.2 24**

  [R3-GigabitEthernet0/0/2]**quit**

  [R3]**ospf 1**   (启动OSPF进程，进入OSPF视图)

  [R3-ospf-1]**area 0**   (创建并进入OSPF区域视图)

[R3-ospf-1-area-0.0.0.0]**network 10.1.3.0 0.0.0.255**(配置区域所包含的网段)

[R3-ospf-1-area-0.0.0.0]**network 10.1.5.0 0.0.0.255**

[R3-ospf-1-area-0.0.0.0]**network 192.168.1.0 0.0.0.255**

第 4 步：配置路由器 R4 各个端口的 IP 地址与子网掩码，并使各端口加入单播路由协议 OSPF 协议。

<Huawei>**undo terminal monitor**   (关闭路由器的调试、日志各项信息显示功能)

<Huawei>**system-view**   (进入系统视图)

[Huawei]**sysname R4**   (将路由器命名为R4)

[R4]**interface g0/0/0**   (进入接口GE0/0/0)

[R4-GigabitEthernet0/0/0]**ip address 192.168.2.254 24** (配置接口IP地址)

[R4-GigabitEthernet0/0/0]**interface g0/0/1**

[R4-GigabitEthernet0/0/1]**ip address 10.1.4.2 24**

[R4-GigabitEthernet0/0/1]**interface g0/0/2**

[R4-GigabitEthernet0/0/2]**ip address 10.1.5.1 24**

[R4-GigabitEthernet0/0/2]**quit**

[R4]**ospf 1**   (启动OSPF进程，进入OSPF视图)

[R4-ospf-1]**area 0**   (创建并进入OSPF区域视图)

[R4-ospf-1-area-0.0.0.0]**network 10.1.4.0 0.0.0.255**(配置区域所包含的网段)

[R4-ospf-1-area-0.0.0.0]**network 10.1.5.0 0.0.0.255**

[R4-ospf-1-area-0.0.0.0]**network 192.168.2.0 0.0.0.255**

第 5 步：验证单播路由是否配置成功，测试 R4 路由器与其他网段的连通性。

<R4>**ping 10.1.1.1**   (ping 10.1.1.1端口)

 PING 10.1.1.1: 56   data bytes, press CTRL_C to break

  Reply from 10.1.1.1: bytes=56 Sequence=1 ttl=254 time=80 ms

  Reply from 10.1.1.1: bytes=56 Sequence=2 ttl=254 time=50 ms

  Reply from 10.1.1.1: bytes=56 Sequence=3 ttl=254 time=70 ms

  Reply from 10.1.1.1: bytes=56 Sequence=4 ttl=254 time=70 ms

  Reply from 10.1.1.1: bytes=56 Sequence=5 ttl=254 time=60 ms

第 6 步：配置路由器 R1，启动组播路由功能，端口激活 PIM-DM。

[R1]**multicast routing-enable**   (激活组播路由功能)

[R1]**interface g0/0/0**   (进入GE0/0/0)

[R1-GigabitEthernet0/0/0]**pim dm**   (激活 PIM-DM)

[R1]**interface g0/0/1**

[R1-GigabitEthernet0/0/1]**pim dm**

[R1]**interface g0/0/2**

[R1-GigabitEthernet0/0/2]**pim dm**

第 7 步：配置路由器 R2，启动组播路由功能，端口激活 PIM-DM。

[R1]**multicast routing-enable**   (激活组播路由功能)

[R2]**interface g0/0/2**	(进入GE0/0/2)
[R2-GigabitEthernet0/0/2]**pim dm**	(激活PIM-DM)
[R2-GigabitEthernet0/0/2]**interface g0/0/1**	
[R2-GigabitEthernet0/0/1]**pim dm**	

第 8 步：配置路由器 R3，启动组播路由功能，端口激活 PIM-DM，直连主机的端口启用 IGMP 协议。

[R3]**multicast routing-enable**	(激活组播路由功能)
[R3]**interface g0/0/1**	(进入GE0/0/1)
[R3-GigabitEthernet0/0/1]**pim dm**	(激活PIM-DM)
[R3-GigabitEthernet0/0/1]**interface g0/0/2**	
[R3-GigabitEthernet0/0/2]**pim dm**	
[R3-GigabitEthernet0/0/3]**interface g0/0/0**	(进入GE0/0/0)
[R3-GigabitEthernet0/0/0]**igmp enable**	(接口启用IGMP协议)

第 9 步：配置路由器 R4，启动组播路由功能，端口激活 PIM-DM，直连主机的端口启用 IGMP 协议。

[R4]**multicast routing-enable**	(激活组播路由功能)
[R4]**interface g0/0/0**	(进入GE0/0/0)
[R4-GigabitEthernet0/0/0]**igmp enable**	(接口启用IGMP协议)
[R4-GigabitEthernet0/0/0]**interface g0/0/1**	(进入GE0/0/1)
[R4-GigabitEthernet0/0/1]**pim dm**	(激活PIM-DM)
[R4-GigabitEthernet0/0/1]**interface g0/0/2**	
[R4-GigabitEthernet0/0/2]**pim dm**	

第 10 步：配置 MCS 服务器。

在基础配置选项框中正确填写组播源的 IP 地址、子网掩码、网关等信息，并点击"应用"按钮，如图 4-7 所示。

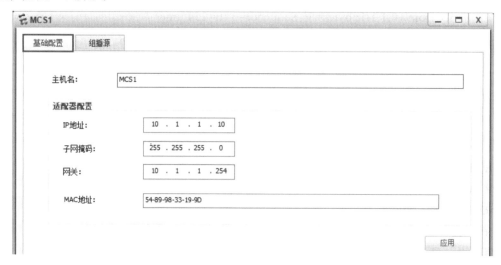

图 4-7　设置基础配置选项框

在组播源选项框中正确填写组播组的 IP 地址与组播源的 IP 地址，并点击"运行"按钮，如图 4-8 所示。

图 4-8　设置组播源选项框

第 11 步：配置 PC1 与 PC2 的组播选项，使 PC1 与 PC2 加入组播组。

在 PC1 与 PC2 的组播选项框中填写正确的组播组的 IP 地址并加入组播组，如图 4-9、图 4-10 所示。

图 4-9　设置 PC1 组播框

图 4-10　设置 PC2 组播框

第 12 步：验证组播路由协议 PIM-DM 是否生效。

在 MCS 服务器中添加一个 MP4 格式的视频文件（需安装 VLC 播放器），点击运行，如图 4-11 所示。

图 4-11 添加视频文件

在 PC1 与 PC2 的组播选项中点击"启动 VLC",如图 4-12 所示。

图 4-12 点击"启动 VLC"

PC1 与 PC2 会同步播放 MCS 服务器的视频,如图 4-13 所示,证明配置成功。

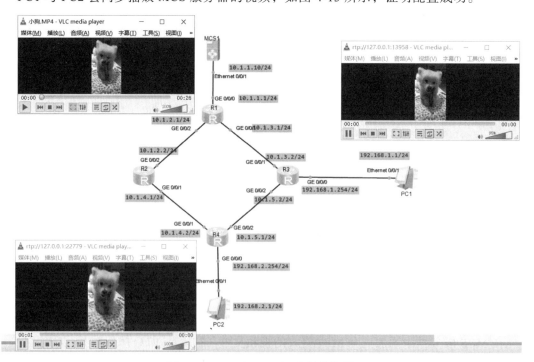

图 4-13 PC1 与 PC2 同步播放视频

本小节介绍另一种独立组播协议：稀疏模式独立组播协议（PIM-SM, Protocol Independent Multicast-Sparse Mode）。PIM-SM 是一种能有效将 IP 报文路由扩散到大范围网络（如 WAN）的组播协议，而 4.2 节介绍的 PIM-DM 主要用于局域网。

与 PIM-DM 所组成的组播分发树 SPT（Short Path Tree）不同，PIM-SM 是以一个会聚点 RP（Rendezvous Point）路由器为根，以所有直连的组成员为叶子的组播树 RPT（Rendezvous Point Tree）。

RP 是 SM 模式下一台重要的组播路由器，它作为组播的汇聚点，用于处理组播源注册信息及组成员加入请求，网络中的所有 PIM 路由器都必须知道 RP 的地址。当网络中出现活跃的组播源时，组播源端会将此组播数据封装在注册消息中以单播形式发往 RP，RP 收到此消息后立刻创建组播路由表项（S,G）。当网络中出现活跃的组播用户时，用户端会向 RP 发送加入组播组的消息，在该消息去往 RP 的路径上经过的路由器中创建表项（*,G），由此便产生了一棵以 RP 为根的 RPT。

当网络中有活跃的组播组用户时，组播报文先被封装在单播报文中并从组播源发往 RP，然后 RP 再将组播报文沿 RPT 转发给组播用户。显然 RPT 并非一棵 SPT，经由 RP 的转发路径可能不是从组播源到组播用户的最短路径。为了提高组播转发效率，组播数据会从组播源直接发往组播成员，由 RPT 切换到 SPT。RP 的发现机制分为静态 RP 与动态 RP，在本次实验中我们选择配置静态 RP。

4.3.1 网络拓扑结构

PIM-SM 配置拓扑结构如图 4-14 所示。

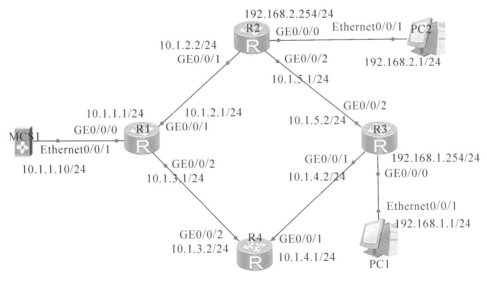

图 4-14   PIM-SM 配置拓扑结构

4.3.2 具体要求

（1）配置主机 IP 地址和子网掩码，并使其加入组播组。
（2）配置路由器单播协议。
（3）启用路由器组播功能，路由器端口激活 PIM-SM。
（4）配置静态 RP。

4.3.3 完整的配置命令

准备工作：根据图 4-14 的网络拓扑结构，在华为 eNSP 模拟器中，正确连接各个设备，配置 PC1、PC2 的 IP 地址和子网掩码。

第 1 步：配置路由器 R1 各个端口的 IP 地址与子网掩码，并使各端口加入单播路由协议 OSPF 协议。

<Huawei>**undo terminal monitor** (关闭路由器的调试、日志各项信息显示功能)

<Huawei>**system-view** (进入系统视图)

[Huawei]**sysname R1** (将路由器命名为R1)

[R1]**interface g0/0/0** (进入接口GE0/0/0)

[R1-GigabitEthernet0/0/0]**ip address 10.1.1.1 24** (配置接口IP地址)

[R1-GigabitEthernet0/0/0]**interface g0/0/1**

[R1-GigabitEthernet0/0/1]**ip address 10.1.2.1 24**

[R1-GigabitEthernet0/0/1]**interface g0/0/2**

[R1-GigabitEthernet0/0/2]**ip address 10.1.3.1 24**

[R1-GigabitEthernet0/0/2]**quit**

[R1]**ospf 1** (启动OSPF进程，进入OSPF视图)

[R1-ospf-1]**area 0** (创建并进入OSPF区域视图)

[R1-ospf-1-area-0.0.0.0]**network 10.1.1.0 0.0.0.255**(配置区域所包含的网段)

[R1-ospf-1-area-0.0.0.0]**network 10.1.2.0 0.0.0.255**

[R1-ospf-1-area-0.0.0.0]**network 10.1.3.0 0.0.0.255**

第 2 步：配置路由器 R2 各个端口的 IP 地址与子网掩码，并使各端口加入单播路由协议 OSPF 协议。

<Huawei>**undo terminal monitor** (关闭路由器的调试、日志各项信息显示功能)

<Huawei>**system-view** (进入系统视图)

[Huawei]**sysname R2** (将路由器命名为R2)

[R2]**interface g0/0/0** (进入接口GE0/0/0)

[R2-GigabitEthernet0/0/0]**ip address 192.168.2.254 24** (配置接口IP地址)

[R2-GigabitEthernet0/0/0]**interface g0/0/1**

[R2-GigabitEthernet0/0/1]**ip address 10.1.2.2 24**

[R2-GigabitEthernet0/0/1]**interface g0/0/2**

[R2-GigabitEthernet0/0/2]**ip address 10.1.5.1 24**

[R2-GigabitEthernet0/0/2]**quit**

[R2]**ospf　1**　　　　　　　　　　(启动OSPF进程，进入OSPF视图)

[R2-ospf-1]**area 0**　　　　　　　　(创建并进入OSPF区域视图)

[R2-ospf-1-area-0.0.0.0]**network 192.168.2.0 0.0.0.255**

[R2-ospf-1-area-0.0.0.0]**network 10.1.2.0 0.0.0.255**(配置区域所包含的网段)

[R2-ospf-1-area-0.0.0.0]**network 10.1.5.0 0.0.0.255**

第 3 步：配置路由器 R3 各个端口的 IP 地址与子网掩码，并使各端口加入单播路由协议 OSPF 协议。

<Huawei>**undo terminal monitor**

<Huawei>**system-view**　　　　　　(进入系统视图)

[Huawei]**sysname R3**　　　　　　　(将路由器命名为R3)

[R3]**interface g0/0/0**　　　　　　　(进入接口GE0/0/0)

[R3-GigabitEthernet0/0/0]**ip address 192.168.1.254 24** (配置接口IP地址)

[R3-GigabitEthernet0/0/0]**interface g0/0/1**

[R3-GigabitEthernet0/0/1]**ip address 10.1.4.2 24**

[R3-GigabitEthernet0/0/1]**interface g0/0/2**

[R3-GigabitEthernet0/0/2]**ip address 10.1.5.2 24**

[R3-GigabitEthernet0/0/2]**quit**

[R3]**ospf　1**　　　　　　　　　　(启动OSPF进程，进入OSPF视图)

[R3-ospf-1]**area 0**　　　　　　　　(创建并进入OSPF区域视图)

[R3-ospf-1-area-0.0.0.0]**network 10.1.5.0 0.0.0.255**(配置区域所包含的网段)

[R3-ospf-1-area-0.0.0.0]**network 10.1.4.0 0.0.0.255**

[R3-ospf-1-area-0.0.0.0]**network 192.168.1.0 0.0.0.255**

第 4 步：配置路由器 R4 各个端口的 IP 地址与子网掩码，使各端口加入单播路由协议 OSPF 协议，R4 作为 RP 需配置 loopback 接口

<Huawei>**undo terminal monitor**

<Huawei>**system-view**　　　　　　　(进入系统视图)

[Huawei]**sysname R4**　　　　　　　(将路由器命名为R4)

[R4]**interface g0/0/1**　　　　　　　(进入接口GE0/0/1)

[R4-GigabitEthernet0/0/1]**ip address　10.1.4.1　24** (配置接口IP地址)

[R4-GigabitEthernet0/0/1]**interface　g0/0/2**

[R4-GigabitEthernet0/0/2]**ip address 10.1.3.2 24**

[R4-GigabitEthernet0/0/2]**Interface loopback 0**　(进入loopback接口)

[R4-LoopBack0]**ip address 1.1.1.1 32**　　(配置接口IP地址)

[R4-LoopBack0]**quit**

[R4]**ospf　1**　　　　　　　　　　　(启动OSPF进程，进入OSPF视图)

[R4-ospf-1]**area 0**   (创建并进入OSPF区域视图)

[R4-ospf-1-area-0.0.0.0]**network 10.1.4.0 0.0.0.255** (配置区域所包含的网段)

[R4-ospf-1-area-0.0.0.0]**network 10.1.3.0 0.0.0.255**

[R4-ospf-1-area-0.0.0.0]**network 1.1.1.1 0.0.0.0**

第 5 步：检查单播路由是否成功。

[R4]**display ospf peer**   (检查 OSPF 邻居关系)

OSPF Process 1 with Router ID 10.1.4.1

Neighbors

Area 0.0.0.0 interface 10.1.4.1(GigabitEthernet0/0/1)'s neighbors

Router ID: 192.168.1.254   Address: 10.1.4.2

  State: Full   Mode:Nbr is   Master   Priority: 1

  DR: 10.1.4.2   BDR: 10.1.4.1   MTU: 0

  Dead timer due in 36   sec

  Retrans timer interval: 5

  Neighbor is up for 00:00:43

  Authentication Sequence: [0]

Neighbors

Area 0.0.0.0 interface 10.1.3.2(GigabitEthernet0/0/2)'s neighbors

Router ID: 10.1.1.1   Address: 10.1.3.1

  State: Full   Mode:Nbr is   Slave   Priority: 1

  DR: 10.1.3.1   BDR: 10.1.3.2   MTU: 0

  Dead timer due in 31   sec

  Retrans timer interval: 5

  Neighbor is up for 00:00:27

  Authentication Sequence: [0]

第 6 步：配置路由器 R1，启动组播路由功能，配置静态 RP，端口激活 PIM-SM。

[R1]**multicast   routing-enable**   (激活组播路由功能)

[R1]**interface g0/0/0**

[R1-GigabitEthernet0/0/0]**pim   sm**   (激活 PIM-SM)

[R1]**interface g0/0/1**

[R1-GigabitEthernet0/0/1]**pim   sm**

[R1]**interface g0/0/2**

[R1-GigabitEthernet0/0/2]**pim   sm**

[R1-GigabitEthernet0/0/2]**quit**

[R1]**pim**   (进入PIM视图)

[R1-pim]**static-rp 1.1.1.1**   (配置静态 RP)

第 7 步：配置路由器 R2，启动组播路由功能，配置静态 RP，端口激活 PIM-SM,直连主机的端口启用 IGMP 协议。

    [R1]**multicast routing-enable**　　　　　　　　　(激活组播路由功能)

    [R2]**interface g0/0/0**　　　　　　　　　　　　(进入直连主机的端口GE0/0/0)

    [R2-GigabitEthernet0/0/0]**igmp enable**　　　　(接口启用IGMP协议)

    [R2-GigabitEthernet0/0/0]**interface g0/0/1**　　(进入GE0/0/1)

    [R2-GigabitEthernet0/0/1]**pim sm**　　　　　　(激活PIM-SM)

    [R2-GigabitEthernet0/0/1]**interface g0/0/2**

    [R2-GigabitEthernet0/0/2]**pim sm**

    [R2-GigabitEthernet0/0/2]**quit**

    [R2]**pim**　　　　　　　　　　　　　　　　　(进入 PIM 视图)

    [R2-pim]**static-rp 1.1.1.1**　　　　　　　　　(配置静态 RP)

第 8 步：配置路由器 R3，启动组播路由功能，配置静态 RP，端口激活 PIM-SM,直连主机的端口启用 IGMP 协议。

    [R3]**multicast routing-enable**　　　　　　　　　(激活组播路由功能)

    [R3]**interface g0/0/0**　　　　　　　　　　　　(进入直连主机的端口GE0/0/0)

    [R3-GigabitEthernet0/0/0]**igmp enable**　　　　(接口启用IGMP协议)

    [R3-GigabitEthernet0/0/0]**interface g0/0/1**

    [R3-GigabitEthernet0/0/1]**pim sm**　　　　　　(激活PIM-SM)

    [R3-GigabitEthernet0/0/1]**interface g0/0/2**

    [R3-GigabitEthernet0/0/2]**pim sm**

    [R3-GigabitEthernet0/0/2]**quit**

    [R3]**pim**　　　　　　　　　　　　　　　　　(进入PIM视图)

    [R3-pim]**static-rp 1.1.1.1**　　　　　　　　　(配置静态 RP)

第 9 步：配置路由器 R4，启动组播路由功能，配置静态 RP，端口激活 PIM-SM。

    [R4]**multicast routing-enable**　　　　　　　　　(激活组播路由功能)

    [R4]**interface g0/0/1**　　　　　　　　　　　　(进入直连主机的端口GE0/0/1)

    [R4-GigabitEthernet0/0/1]**pim sm**　　　　　　(激活PIM-SM)

    [R4-GigabitEthernct0/0/1]**interface g0/0/2**

    [R4-GigabitEthernet0/0/2]**pim sm**

    [R4-GigabitEthernet0/0/2]**quit**

    [R4]**pim**　　　　　　　　　　　　　　　　　(进入PIM视图)

    [R4-pim]**static-rp 1.1.1.1**　　　　　　　　　(配置静态RP)

第 10 步：配置 MCS 服务器,在基础配置选项框中正确填写组播源的 IP 地址、子网掩码、网关等信息，如图 4-15 所示。

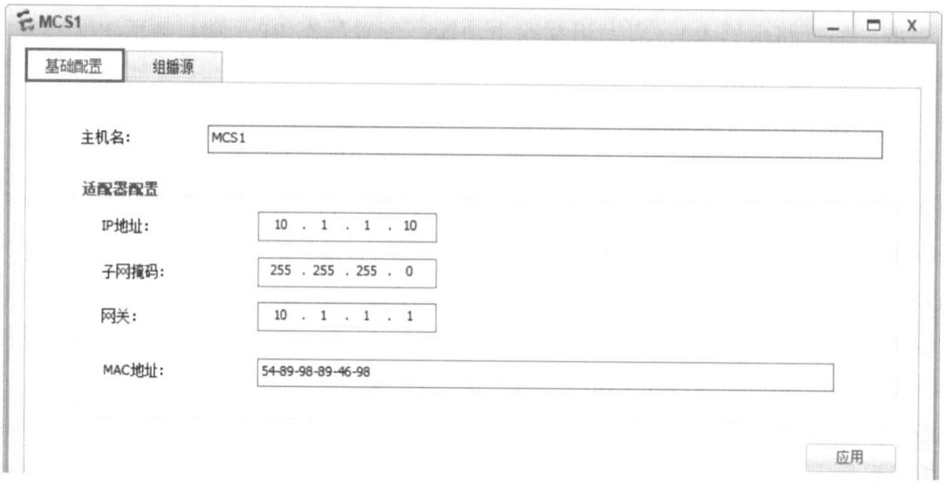

图 4-15　设置 MCS 服务器基础配置选项框

在组播源选项框中正确填写组播组的 IP 地址与组播源的 IP 地址，如图 4-16 所示。

图 4-16　设置 MCS 服务器组播源选项框

第 11 步：配置 PC1 与 PC2 的组播选项，使 PC1 与 PC2 加入组播组。

在 PC1 与 PC2 的组播选项中填写正确的组播组的 IP 地址并加入组播组，如图 4-17、图 4-18 所示。

图 4-17　配置 PC1 的组播选项

图 4-18　配置 PC2 的组播选项

第 12 步：验证组播路由协议 PIM-DM 是否生效。

在 MCS 服务器中添加一个 mp4 格式的视频文件（需安装 VLC 播放器），点击运行，如图 4-19 所示。

图 4-19　在 MCS 服务器添加一个视频文件

在 PC1 与 PC2 的组播选项中点击"启动 VLC"，如图 4-20 所示。

图 4-20　点击"启动 VLC"

PC1 与 PC2 会同步播放 MCS 服务器的视频，如图 4-21 所示，证明配置成功。

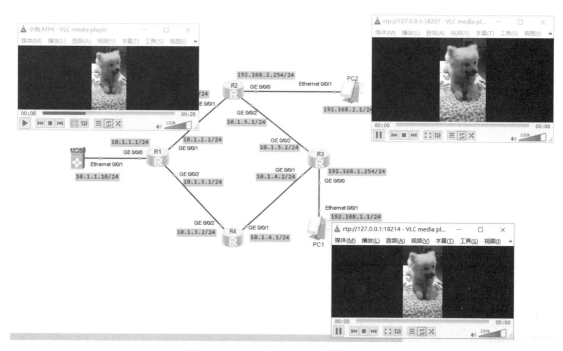

图 4-21　PC1 与 PC2 同步播放视频

4.4　RPF 校验

　　在单播通信中，可以对通信的目的地址进行检测，从而确保数据的正确转发和传输。而组播通信时，其组播地址标识了一组主机（接收者），因此，难以通过对目的地址进行检测来保证数据的正确传输。

　　由于组播通信中的组播源是确定的，因此可以通过检测数据包中的源地址，即追溯其源地址是否正确，来确保数据是否被正确转发和传输。简单地说，在组播通信中，对源地址进行检查从而确保组播数据沿正确的路径进行转发和传输，称之为 RPF（Reverse Path Forwarding）检查，即逆向路径检查。

　　具体来说，当运行组播协议的路由设备收到组播报文后（假设来自该设备的 A 接口），将根据报文中的源地址（假设为 S），通过单播路由表查找到达源地址的路由，并检查去往源地址 S 的路由表项的出接口（假设为 B）与收到组播报文的入接口（A）是否一致。如果一致（A 和 B 为同一接口），就认为该组播报文是从正确的接口到达，其来源正确；如果不一致，则表明该报文的来源路径错误，RPF 检查失败并丢弃该报文，从而保证整个报文转发路径的正确性和唯一性，确保报文被正确转发和传输。

　　例如，某路由器 R 的 IP 路由表与接口如图 4-22 所示。假设该路由器从接口 GE0/0/2 收到一份组播报文，报文的源地址为 192.168.3.2。路由器检查路由表后，发现去往 192.168.3.2 的出接口应为 GE0/0/1，与该报文的入接口 GE0/0/2 不一致，因此 RPF 检查失败，到达 GE0/0/2

的组播报文被丢弃。如果组播报文来自接口 GE0/0/1，则 RPF 检查成功，该报文不会被丢弃。

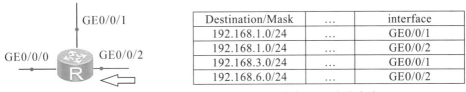

Destination/Mask	...	interface
192.168.1.0/24	...	GE0/0/1
192.168.1.0/24	...	GE0/0/2
192.168.3.0/24	...	GE0/0/1
192.168.6.0/24	...	GE0/0/2

路由器 R 的路由表

图 4-22　路由器接口与路由表

要说明的是，除了利用单播路由，RPF 还可以利用 MBGP 路由、组播静态路由对组播报文进行检查，在此不再详述，读者可参阅相关资料。

4.4.1　网络拓扑结构

RPF 校验配置实践的拓扑结构如图 4-23 所示。

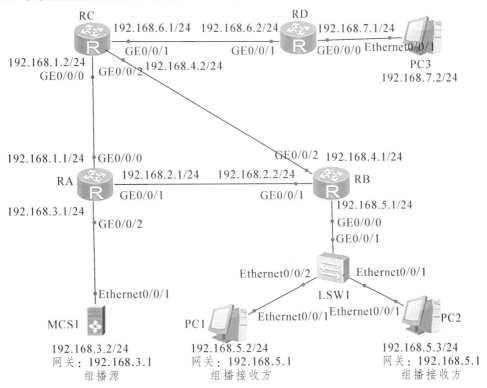

图 4-23　RPF 校验配置拓扑结构

4.4.2　具体要求

（1）基于华为设备，配置静态 RPF 路由，实现组播服务器 MCS1 向组播地址中的主机

PC1 和 PC2 提供视频服务，但不向 PC3 提供视频服务。

（2）拓扑结构如图 4-23 所示，路由器各接口、服务器和 PC1、PC2、PC3 的 IP 地址等配置如表 4-1 所示。

表 4-1　路由器各接口、服务器和 PC1、PC2、PC3 的 IP 地址等配置表

设备名	接口	IP 地址及掩码	备注
RA	GE0/0/0	192.168.1.1/24	位于组播源侧
	GE0/0/1	192.168.2.1/24	
	GE0/0/2	192.168.3.1/24	
RB	GE0/0/0	192.168.5.1/24	位于客户端主机侧
	GE0/0/1	192.168.2.2/24	
	GE0/0/2	192.168.4.1/24	
RC	GE0/0/0	192.168.1.2/24	GE0/0/0 接口为 RP
	GE0/0/1	192.168.6.1/24	
	GE0/0/2	192.168.4.2/24	
RD	GE0/0/0	192.168.7.1/24	
	GE0/0/1	192.168.6.2/24	
MCS1		IP：192.168.3.2/24 网关：192.168.3.1	组播源
PC1		IP：192.168.5.2/24 网关：192.168.5.1	接收者
PC2		IP：192.168.5.3/24 网关：192.168.5.1	接收者
PC3		IP：192.168.7.2/24 网关：192.168.7.1	

4.4.3　基于华为设备的 RPF 配置命令

第 1 步：配置路由器 RA。

<Huawei>**system-view**

[Huawei]**undo　info　enable**　　　　（关闭信息提示）

[Huawei]**sysname　RA**

[RA]**interface**　g0/0/0

[RA-GigabitEthernet0/0/0]**ip　address**　192.168.1.1 24

[RA-GigabitEthernet0/0/0]**quit**

[RA]**interface**　g0/0/1

[RA-GigabitEthernet0/0/1]**ip　address**　192.168.2.1 24

[RA-GigabitEthernet0/0/1]**quit**

[RA]**interface**　g0/0/2

[RA-GigabitEthernet0/0/2]**ip　address**　192.168.3.1 24

[RA-GigabitEthernet0/0/2]**quit**

[RA]**ospf**

[RA-ospf-1]**area**　0

[RA-ospf-1-area-0.0.0.0]**network**　192.168.1.0　0.0.0.255

[RA-ospf-1-area-0.0.0.0]**network**　192.168.2.0　0.0.0.255

[RA-ospf-1-area-0.0.0.0]**network**　192.168.3.0　0.0.0.255

[RA-ospf-1-area-0.0.0.0]**quit**

[RA-ospf-1]**quit**

[RA]**multicast　routing-enable**　　（启用多播路由）

[RA]**interface**　g0/0/0

[RA-GigabitEthernet0/0/0]**pim　sm**　　（启多播协议 PIM）

[RA-GigabitEthernet0/0/0]**quit**

[RA]**interface**　g0/0/1

[RA-GigabitEthernet0/0/1]**pim　sm**

[RA-GigabitEthernet0/0/1]**quit**

[RA]**interface**　g0/0/2

[RA-GigabitEthernet0/0/2]**pim　sm**

[RA-GigabitEthernet0/0/2]**quit**

[RA]**pim**

[RΛ-pim]static-rp　192.168.1.2　（本条命令用来设置组播源的汇聚点 RP，该汇聚点位于路由器 RC 的 GE0/0/0 接口，通过该汇聚点实现组播路由和组播数据的转发）

第 2 步：配置路由器 RB。

<Huawei>**system-view**

[Huawei]**undo　info　enable**

[Huawei]**sysname**　RB

[RB]**interface**　g0/0/0

[RB-GigabitEthernet0/0/0]**ip　address**　192.168.5.1 24

[RB-GigabitEthernet0/0/0]**quit**

[RB]**interface**　g0/0/1

[RB-GigabitEthernet0/0/1]**ip　address**　192.168.2.2 24

[RB-GigabitEthernet0/0/1]**quit**

[RB]**interface**　g0/0/2

[RB-GigabitEthernet0/0/2]**ip　address**　192.168.4.1 24

[RB-GigabitEthernet0/0/2]**quit**

[RB]**ospf**

[RB-ospf-1]**area**　0

[RB-ospf-1-area-0.0.0.0]**network**　192.168.2.0　0.0.0.255

[RB-ospf-1-area-0.0.0.0]**network**　192.168.4.0　0.0.0.255

[RB-ospf-1-area-0.0.0.0]**network**　192.168.5.0　0.0.0.255

[RB-ospf-1-area-0.0.0.0]**quit**

[RB-ospf-1]**quit**

[RB]**multicast　routing-enable**

[RB]**interface**　g0/0/0

[RB-GigabitEthernet0/0/0]**pim　sm**

[RB-GigabitEthernet0/0/0]**igmp　enable**

[RB-GigabitEthernet0/0/0]**quit**

[RB]**interface**　g0/0/1

[RB-GigabitEthernet0/0/1]**pim　sm**

[RB-GigabitEthernet0/0/1]**quit**

[RB]**interface**　g0/0/2

[RB-GigabitEthernet0/0/2]**pim　sm**

[RB-GigabitEthernet0/0/2]**quit**

[RB]**pim**

[RB-pim]**static-rp**　192.168.1.2　　（设置组播源的汇聚点 RP，用来实现组播路由和组播数据转发）

[RB-pim]**quit**

第 3 步：显示路由器 RB 没有配置组播静态路由时的 RPF 信息。

<RB>**display　multicast　rpf-info**　192.168.3.2　　（显示组播的 RPF 配置信息）

　VPN-Instance: public net

　RPF information about source: 192.168.3.2

　　　RPF interface: GigabitEthernet0/0/1, RPF neighbor: 192.168.2.1

　　　Referenced route/mask: 192.168.3.0/24

　　　Referenced route type: unicast

　　　Route selection rule: preference-preferred

　　　Load splitting rule: disable

从显示结果中的 Referenced route type: unicast 可以看出，没有配置组播静态路由时，路由器 RB 到组播源 192.168.3.2 的路由类型为单播（unicast）；显示结果中的 RPF neighbor: 192.168.2.1 表明，其 RPF 邻居为 192.168.2.1。

第 4 步：配置路由器 RB 的静态 RPF 路由。
[RB]**ip rpf-route-static** 192.168.3.0 255.255.255.0 192.168.4.2

第 5 步：显示 RB 已配置组播静态路由时的 RPF 信息。
[RB]**display multicast rpf-info** 192.168.3.2 （显示组播的 RPF 配置信息）
  VPN-Instance: public net
  RPF information about source: 192.168.3.2
    RPF interface: GigabitEthernet0/0/2, RPF neighbor: 192.168.4.2
    Referenced route/mask: 192.168.3.0/24
    Referenced route type: mstatic
    Route selection rule: preference-preferred
    Load splitting rule: disable

从显示结果中的 Referenced route type: mstatic 可以看出，在配置组播静态路由后，路由器 RB 到组播源 192.168.3.2 的路由类型为静态组播路由（mstatic）；显示结果中的 RPF neighbor: 192.168.4.2 表明，其 RPF 邻居已经变为 192.168.4.2。

第 6 步：配置路由器 RC。
<Huawei>**system-view**
[Huawei]**undo info enable**
[Huawei]**sysname** RC

[RC]**interface** g0/0/0
[RC-GigabitEthernet0/0/0]**ip address** 192.168.1.2 24
[RC-GigabitEthernet0/0/0]**quit**
[RC]**interface** g0/0/1
[RC-GigabitEthernet0/0/1]**ip address** 192.168.6.1 24
[RC-GigabitEthernet0/0/1]**quit**
[RC]**interface** g0/0/2
[RC-GigabitEthernet0/0/2]**ip address** 192.168.4.2 24
[RC-GigabitEthernet0/0/2]**quit**

[RC]**ospf**
[RC-ospf-1]**area** 0
[RC-ospf-1-area-0.0.0.0]**network** 192.168.1.0 0.0.0.255
[RC-ospf-1-area-0.0.0.0]**network** 192.168.4.0 0.0.0.255

[RC-ospf-1-area-0.0.0.0]**network**　192.168.6.0　0.0.0.255

[RC-ospf-1-area-0.0.0.0]**quit**

[RC-ospf-1]**quit**

[RC]**multicast　routing-enable**

[RC]**interface**　g0/0/0

[RC-GigabitEthernet0/0/0]**pim　sm**

[RC-GigabitEthernet0/0/0]**quit**

[RC]**interface**　g0/0/1

[RC-GigabitEthernet0/0/1]**pim　sm**

[RC-GigabitEthernet0/0/1]**quit**

[RC]**interface**　g0/0/2

[RC-GigabitEthernet0/0/2]**pim　sm**

[RC-GigabitEthernet0/0/2]**quit**

[RC]**pim**

[RC-pim]**static-rp**　192.168.1.2

[RC-pim]**quit**

第 7 步：配置路由器 RD。

<Huawei>**system-view**

[Huawei]**undo　info　enable**

[Huawei]**interface**　g0/0/0

[Huawei-GigabitEthernet0/0/0]**ip　address**　192.168.7.1 24

[Huawei-GigabitEthernet0/0/0]**quit**

[Huawei]**interface**　g0/0/1

[Huawei-GigabitEthernet0/0/1]**ip　address**　192.168.6.2 24

[Huawei-GigabitEthernet0/0/1]**quit**

[Huawei]**ospf**

[Huawei-ospf-1]**area**　0

[Huawei-ospf-1-area-0.0.0.0]**network**　192.168.6.0　0.0.0.255

[Huawei-ospf-1-area-0.0.0.0]**network**　192.168.7.0　0.0.0.255

[Huawei-ospf-1-area-0.0.0.0]**quit**

[Huawei-ospf-1]**quit**

[Huawei]**quit**

由于在路由器 RD 上没有配置 PIM 协议，和 RD 相连的终端主机也就不能享用组播服务，但由于所有路由器均配置了单播协议 OSPF，因此，和 RD 相连的终端主机与其他主机依然能相互进行单播通信。

第 8 步：配置路由器组播服务器 MCS1。

配置组播服务器的组播源时，注意文件路径应选择要播放的视频文件所在路径，组播组地址配置为 225.1.1.1，如图 4-24 所示。

图 4-24　组播服务器的组播源配置

第 9 步：配置各主机。

PC1、PC2、PC3 的组播配置分别如图 4-25、图 4-26、图 4-27 所示。

图 4-25　PC1 的组播配置

图 4-26　PC2 的组播配置

图 4-27　PC3 的组播配置

此外，要在模拟器 eNSP 的"菜单"→"选项"中，配置 VLC 播放器程序的路径，如图 4-28 所示。

图 4-28　配置 VLC 播放器的路径

第 10 步：进行测试，结果如图 4-29 所示，该图左上为服务器所播放的视频，右上为 PC1 所播放视频截图，左下为 PC2 播放视频截图，右下为 PC3 播放情况截图。

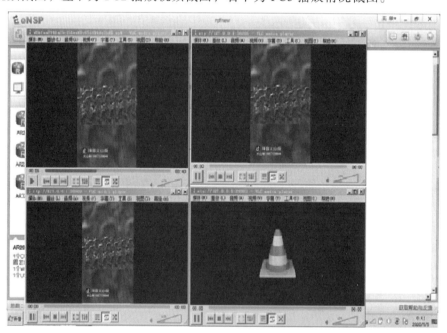

图 4-29　组播配置测试结构

从该结果可以看出，当播放组播服务上的视频后，分别启用 PC1、PC2 和 PC3 上的 VLC 观看视频，PC1 和 PC2 能正常观看，但 PC3 不能正常观看，其原因在于路由器 RD 没有配置组播协议。

路由器工作在网络层，其主要功能是 IP 路由寻址，即在不同网段间存储转发分组。路由器获得路由信息有三种途径：直连路由、静态路由和动态路由。

5.1 IPv6 静态路由技术

静态路由通常应用在网络拓扑结构比较简单的网络环境中。IPv6 静态路由配置思路与 IPv4 静态路由配置思路相同，都是配置到达非直连网段的静态路由。

5.1.1 网络拓扑结构

IPv6 静态路由配置拓扑结构如图 5-1 所示。图中有两个路由器，AR1 和 AR2 通过各自的 GE0/0/2 接口相连，使用的 IPv6 子网是唯一本地单播地址 FC05::/64。其他网段的 IPv6 地址如图 5-1 所示。

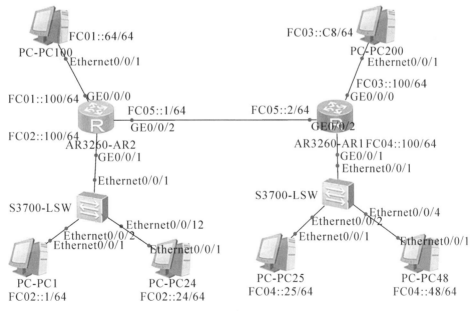

图 5-1 IPv6 静态路由配置拓扑图

5.1.2 具体要求

（1）设置路由器的名字（右边的为AR1，左边的为AR2）。
（2）启动路由器的IPv6功能。
（3）设置路由器各接口的IPv6地址和子网掩码。
（4）查看路由器的IPv6直连路由。
（5）查看路由器链路本地地址。
（6）配置IPv6静态路由。
（7）验证配置。测试4个网段的主机之间的连通性。
（8）验证结果正确后，保存配置信息，获取AR1、AR2的IPv6路由表信息。

5.1.3 配置技术

第1步：将右边路由器更名为AR1，并启用路由器的IPv6功能。

<Huawei>**undo terminal monitor**	（关闭监测信息）
<Huawei>**system-view**	（进入系统视图模式）
[Huawei]**sysname AR1**	（将路由器更名为AR1）
[AR1]**ipv6**	（启用IPv6功能）

同理，将左边路由器更名为AR2，并启用其IPv6功能。

<Huawei>**undo terminal monitor**	（关闭监测信息）
<Huawei>**system-view**	（进入系统视图模式）
[Huawei]**sysname AR2**	（将路由器更名为AR2）
[AR2]**ipv6**	（启用IPv6功能）

第2步：设置两台路由器三个接口的IPv6地址和子网掩码，并查看当前路由器各接口的IPv6地址是否正确。这里要注意的是，在配置接口的IPv6地址之前，要先启用接口的IPv6功能，否则在配置IPv6地址时会出现"Error:Unrecognized command"错误提示。

[AR1]**interface   g0/0/0**
[AR1-GigabitEthernet0/0/0]**ipv6   enable**
[AR1-GigabitEthernet0/0/0]**ipv6   address   fc03::100   64**
[AR1-GigabitEthernet0/0/0]**quit**
[AR1]**interface   g0/0/1**
[AR1-GigabitEthernet0/0/1]**ipv6   enable**
[AR1-GigabitEthernet0/0/1]**ipv6   address   fc04::100   64**
[AR1-GigabitEthernet0/0/1]**quit**
[AR1]**interface   g0/0/2**
[AR1-GigabitEthernet0/0/2]**ipv6   enable**
[AR1-GigabitEthernet0/0/2]**ipv6   address   fc05::2   64**

[AR1-GigabitEthernet0/0/2]**quit**

[AR1]**display ipv6 interface brief** （显示当前路由器各接口的信息）

Interface	Physical	Protocol
GigabitEthernet0/0/0	up	up

[IPv6 Address] FC03::100

GigabitEthernet0/0/1	up	up

[IPv6 Address] FC04::100

GigabitEthernet0/0/2	up	up

[IPv6 Address] FC05::2

从显示结果可以看出，路由器AR1的三个接口IPv6地址配置结果与拓扑结构一致，且接口处于UP状态。

[AR2]**interface g0/0/0**

[AR2-GigabitEthernet0/0/0]**ipv6 enable**

[AR2-GigabitEthernet0/0/0]**ipv6 address fc01::100 64**

[AR2-GigabitEthernet0/0/0]**quit**

[AR2]**interface g0/0/1**

[AR2-GigabitEthernet0/0/1]**ipv6 enable**

[AR2-GigabitEthernet0/0/1]**ipv6 address fc02::100 64**

[AR2-GigabitEthernet0/0/1]**quit**

[AR2]**interface g0/0/2**

[AR2-GigabitEthernet0/0/2]**ipv6 enable**

[AR2-GigabitEthernet0/0/2]**ipv6 address fc05::1 64**

[AR2-GigabitEthernet0/0/2]**quit**

[AR2]**display ipv6 interface brief** （显示当前路由器各接口的信息）

Interface	Physical	Protocol
GigabitEthernet0/0/0	up	up

[IPv6 Address] FC01::100

GigabitEthernet0/0/1	up	up

[IPv6 Address] FC02::100

GigabitEthernet0/0/2	up	up

[IPv6 Address] FC05::1

从显示结果可以看出，路由器AR2的3个接口IPv6地址配置结果与拓扑结构一致，且接口处于UP状态。

第3步：查看此时 AR2 路由器的 IPv6 路由表。

[AR2]**display ipv6 routing-table**

Routing Table : Public

    Destinations : 8   Routes : 8

Destination   : ::1   PrefixLength : 128
NextHop   : ::1   Preference   : 0
Cost   : 0   Protocol   : Direct
RelayNextHop : ::   TunnelID   : 0x0
Interface   : InLoopBack0   Flags   : D

Destination   : FC01::   PrefixLength : 64
NextHop   : FC01::100   Preference   : 0
Cost   : 0   Protocol   : Direct
RelayNextHop : ::   TunnelID   : 0x0
Interface   : GigabitEthernet0/0/0   Flags   : D

Destination   : FC01::100   PrefixLength : 128
NextHop   : ::1   Preference   : 0
Cost   : 0   Protocol   : Direct
RelayNextHop : ::   TunnelID   : 0x0
Interface   : GigabitEthernet0/0/0   Flags   : D

Destination   : FC02::   PrefixLength : 64
NextHop   : FC02::100   Preference   : 0
Cost   : 0   Protocol   : Direct
RelayNextHop : ::   TunnelID   : 0x0
Interface   : GigabitEthernet0/0/1   Flags   : D

Destination   : FC02::100   PrefixLength : 128
NextHop   : ::1   Preference   : 0
Cost   : 0   Protocol   : Direct
RelayNextHop : ::   TunnelID   : 0x0
Interface   : GigabitEthernet0/0/1   Flags   : D

Destination   : FC05::   PrefixLength : 64
NextHop   : FC05::1   Preference   : 0
Cost   : 0   Protocol   : Direct
RelayNextHop : ::   TunnelID   : 0x0
Interface   : GigabitEthernet0/0/2   Flags   : D

Destination   : FC05::1   PrefixLength : 128
NextHop   : ::1   Preference   : 0

Cost : 0	Protocol : Direct
RelayNextHop : ::	TunnelID : 0x0
Interface : GigabitEthernet0/0/2	Flags : D

Destination : FE80::	**PrefixLength : 10**
NextHop : ::	**Preference : 0**
Cost : 0	**Protocol : Direct**
RelayNextHop : ::	**TunnelID : 0x0**
Interface : NULL0	**Flags : D**

从结果可以看出,AR2 中有 8 条路由信息。第 1 条是 IPv6 环回地址(LoopBack),即::1/128,与 IPv4 中的环回地址 127.0.0.1/8 相似,该地址主要用来测试本机的协议栈是否正常,如果 ping 通该地址,说明本机的协议栈正常工作。第 2~7 条是 AR2 的直连路由,其中第 2、3 条路由信息表示该路由器 GE0/0/0 接口所连接的直连路由;第 4、5 条路由信息表示该路由器 GE0/0/1 接口所连接的直连路由;第 6、7 条路由信息表示该路由器 GE0/0/2 接口所连接的直连路由;第 8 条路由信息是路由器自动为接口生成的 IPv6 链路本地地址,其目的地址(Destination Address)是 FE80::,前缀长度(PrefixLength)是 10。在启用 IPv6 时,网络接口会自动给自己分配 IPv6 链路本地地址,以便和连接在同一条链路上的其他设备通信,该地址的有效范围仅为本链路。

读者可以通过命令"**display ipv6 interface <接口名>**"来查看该接口的 IPv6 链路本地地址的详细信息。下面显示了在 AR2 路由器上获取 GE0/0/2 的 IPv6 链路本地地址详情。

[AR2]display ipv6 interface g0/0/2

GigabitEthernet0/0/2 current state : UP

IPv6 protocol current state : UP

IPv6 is enabled, link-local address is **FE80::2E0:FCFF:FE43:361F**

  Global unicast address(es):

    FC05::1, subnet is FC05::/64

  Joined group address(es):

    FF02::1:FF00:1

    FF02::2

    FF02::1

    FF02::1:FF43:361F

  MTU is 1500 bytes

  ND DAD is enabled, number of DAD attempts: 1

  ND reachable time is 30000 milliseconds

  ND retransmit interval is 1000 milliseconds

  Hosts use stateless autoconfig for addresses

从命令执行后的结果可以看出,AR2 的 IPv6 链路本地地址是 FE80::2E0:FCFF:FE43:361F。

那么该地址是怎么生成的呢？这要从该路由器的 GE0/0/2 接口 MAC 地址说起。我们可以通过命令"**display interface** <接口名>"来获取接口的 MAC 地址。

[AR2]**display interface g0/0/2**

GigabitEthernet0/0/2 current state : UP

Line protocol current state : DOWN

Description:HUAWEI, AR Series, GigabitEthernet0/0/2 Interface

Route Port,The Maximum Transmit Unit is 1500

Internet protocol processing : disabled

IP Sending Frames' Format is PKTFMT_ETHNT_2, Hardware address is **00e0-fc43-361f**

Last physical up time   : 2020-04-12 16:32:21 UTC-08:00

Last physical down time : 2020-04-12 16:32:12 UTC-08:00

Current system time: 2020-04-12 18:03:29-08:00

Port Mode: FORCE COPPER

Speed : 1000,   Loopback: NONE

Duplex: FULL,   Negotiation: ENABLE

Mdi   : AUTO

Last 300 seconds input rate 0 bits/sec, 0 packets/sec

Last 300 seconds output rate 0 bits/sec, 0 packets/sec

Input peak rate 128 bits/sec,Record time: 2020-04-12 17:15:04

Output peak rate 248 bits/sec,Record time: 2020-04-12 17:27:44

……（其余信息省略）

从结果可以看出，路由器 AR2 的接口 GE0/0/2 的 MAC 地址是 **00e0-fc43-361f**，如用二进制表示，则是 48 位，即通常所说的 MAC-48 的物理地址格式。要将 MAC 地址转换为 IPv6 链路本地地址，要进行三步演变：第一，在 MAC 地址的中间部分插入 FF-FE（16 位），得到 EUI-64 标识符；第二，将标识符的第 7 位二进制取反，得到变换后的接口标识；第三，加链路本地地址的前缀 FE80::/64。计算演变过程如图 5-2 所示。

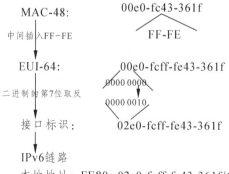

图 5-2   接口 GE0/0/2 的 MAC 地址到 IPv6 链路本地地址的计算演变过程

网络管理员设置了路由器各接口的 IPv6 地址后，路由器会自动生成直连路由，这与 IPv4 路由相同。当两个路由器都设置了 IPv6 地址、直连路由和通过"**ping ipv6 <直连的对方接口>**"测试连通性后，就可以查看当前路由器的 IPv6 邻居。

<AR2>**display ipv6 neighbors**   （查看当前路由器的**IPv6邻居**）

IPv6 Address : FC05::2

Link-layer   : 00e0-fc56-051a   State : REACH

Interface   : GE0/0/2   Age   : 0

VLAN   : -   CEVLAN: -

VPN name   :   Is Router: TRUE

Secure FLAG   : UN-SECURE

IPv6 Address : FE80::2E0:FCFF:FE56:51A

Link-layer   : 00e0-fc56-051a   State : REACH

Interface   : GE0/0/2   Age   : 0

VLAN   : -   CEVLAN: -

VPN name   :   Is Router: TRUE

Secure FLAG   : UN-SECURE

Total: 2   Dynamic: 2   Static: 0

从结果可以看出，路由器 AR2 中已经有邻居，该邻居 IPv6 地址是 FC05::2 和 IPv6 链路本地地址 FE80::2E0:FCFF:FE56:51A。但此时 AR2 不能连通 FC03::/64 网段主机和 FC04::/64 网段主机，AR1 不能连通 FC01::/64 网段主机和 FC02::/64 网段主机。为了解决这个问题，需要建立 IPv6 静态路由。

第 4 步：建立 IPv6 静态路由。

[AR2]**ipv6 route-static FC03:: 64 ?**

　x:x::x:x<X:X::X:X>   NextHop address

　GigabitEthernet   GigabitEthernet interface

　NULL   NULL interface

　vpn-instance   Destination VPN-Instance for Gateway address

[AR2]**ipv6 route-static FC03:: 64 FC05::2**

[AR2]**ipv6 route-static FC04:: 64 FC05::2**

[AR1]**ipv6 route-static FC01:: 64 FC05::1**

[AR1]**ipv6 route-static FC02:: 64 FC05::1**

第 5 步：测试各网段主机之间的连通性，特别是不同路由器连接的各网段主机之间的连通性。例如 PC1 与 PC25、PC200 之间的连通性。由于华为模拟器中的计算机不支持"ping ipv6"命令，为了测试 PC1 与 PC200 之间的连通性，可以用直连 PC1 的路由器 AR2 来发起 IPv6 连通性测试。

<AR2>**ping   ipv6   FC03::C8**

    PING FC03::C8 : 56   data bytes, press CTRL_C to break

      Reply from FC03::C8

      bytes=56 Sequence=1 hop limit=254   time = 30 ms

      Reply from FC03::C8

      bytes=56 Sequence=2 hop limit=254   time = 30 ms

      Reply from FC03::C8

      bytes=56 Sequence=3 hop limit=254   time = 30 ms

      Reply from FC03::C8

      bytes=56 Sequence=4 hop limit=254   time = 20 ms

      Reply from FC03::C8

      bytes=56 Sequence=5 hop limit=254   time = 20 ms

    --- FC03::C8 ping statistics ---

      5 packet(s) transmitted

      5 packet(s) received

      0.00% packet loss

round-trip min/avg/max = 20/26/30 ms

从结果可以看出，路由器 AR2 可以访问 FC03::/64 网段的主机了。另外，可以用相同方法测试路由器 AR2 到 FC04::/64 网段主机的连通性，结果都能互联互通。

第 6 步：当验证结果正确后，用 save 命令保存配置信息。

第 7 步：查看配置成功后的 AR1 和 AR2 的 IPv6 路由表。其中路由器 AR1 的 IPv6 路由表内容如下：

<AR1>**display   ipv6   routing-table**

Routing Table : Public

    Destinations : 10   Routes : 10

Destination	: ::1	PrefixLength	: 128
NextHop	: ::1	Preference	: 0
Cost	: 0	Protocol	: Direct
RelayNextHop	: ::	TunnelID	: 0x0
Interface	: InLoopBack0	Flags	: D

Destination	: FC01::	PrefixLength	: 64
NextHop	: FC05::1	Preference	: 60
Cost	: 0	Protocol	: **Static**
RelayNextHop	: ::	TunnelID	: 0x0
Interface	: **GigabitEthernet0/0/2**	**Flags**	: **RD①**

Destination : FC02::   PrefixLength : 64

NextHop   : FC05::1   Preference   : 60

Cost   : 0   Protocol   : **Static**

RelayNextHop : ::   TunnelID   : 0x0

Interface   : GigabitEthernet0/0/2   **Flags   : RD②**

Destination : FC03::   PrefixLength : 64

NextHop   : FC03::100   Preference   : 0

Cost   : 0   Protocol   : Direct

RelayNextHop : ::   TunnelID   : 0x0

Interface   : GigabitEthernet0/0/0   Flags   : D

Destination : FC03::100   PrefixLength : 128

NextHop   : ::1   Preference   : 0

Cost   : 0   Protocol   : Direct

RelayNextHop : ::   TunnelID   : 0x0

Interface   : GigabitEthernet0/0/0   Flags   : D

Destination : FC04::   PrefixLength : 64

NextHop   : FC04::100   Preference   : 0

Cost   : 0   Protocol   : Direct

RelayNextHop : ::   TunnelID   : 0x0

Interface   : GigabitEthernet0/0/1   Flags   : D

Destination : FC04::100   PrefixLength : 128

NextHop   : ::1   Preference   : 0

Cost   : 0   Protocol   : Direct

RelayNextHop : ::   TunnelID   : 0x0

Interface   : GigabitEthernet0/0/1   Flags   : D

Destination : FC05::   PrefixLength : 64

NextHop   : FC05::2   Preference   : 0

Cost   : 0   Protocol   : Direct

RelayNextHop : ::   TunnelID   : 0x0

Interface   : GigabitEthernet0/0/2   Flags   : D

Destination : FC05::2   PrefixLength : 128

NextHop : ::1	Preference : 0
Cost : 0	Protocol : Direct
RelayNextHop : ::	TunnelID : 0x0
Interface : GigabitEthernet0/0/2	Flags : D

Destination : FE80::	PrefixLength : 10
NextHop : ::	Preference : 0
Cost : 0	Protocol : Direct
RelayNextHop : ::	TunnelID : 0x0
Interface : NULL0	Flags : D

从结果可以看出路由器 AR1 中有两条静态（static）路由，如标注①、②所示。标注①表示 AR1 到目标网络 FC01::/64，需要把数据包经过本路由器接口 GigabitEthernet0/0/2 送到下一条接口 FC05::1 上去。标注②表示 AR1 到目标网络 FC02::/64，需要把数据包经过本路由器接口 GigabitEthernet0/0/2 送到下一条接口 FC05::1 上去。路由标记 RD 表示迭代路由（Relay），这是由于在配置静态 IPv6 路由时，没有指明出接口，只指定了下一跳 IPv6 地址。

值得一提的是，也可以使用 IPv6 静态默认路由来实现，其目标网络地址用::表示，目标网络子网掩码用 0 表示，即在 IPv6 环境中用"::   0"表示默认路由，常见的语法如下：

[AR1]**ipv6   route-static   ::   0   <出接口>   <下一条IPv6地址>**

在图 5-1 的静态路由配置中，静态默认路由实现如下：

[AR1]**ipv6   route-static   ::   0   g0/0/2   FC05::1**
[AR2]**ipv6   route-static   ::   0   g0/0/2   FC05::2**

5.2　IPv6 动态路由 RIPng 技术

RIPng 是一种简单的内部网关协议，IETF（互联网工程任务组）在 1997 年为了解决 RIP 协议与 IPv6 的兼容性问题对 RIP 协议进行了改进，制定了基于 IPv6 的 RIPng（RIP next generation）标准并定义在 RFC2080 中。RIPng 采用基于跳数（Hops Count）的距离向量算法，每经过一台路由器，路径的跳数加 1。跳数越多，路径就越长，路由算法会优先选择跳数少的路径。RIPng 支持的最大跳数是 15，跳数为 16 的网络被认为不可达，适用于配置在校园、小型园区网等小型网络，具有配置过程简单的特点。

5.2.1　网络拓扑结构

网络拓扑结构和接口 IP 配置如图 5-3 所示。

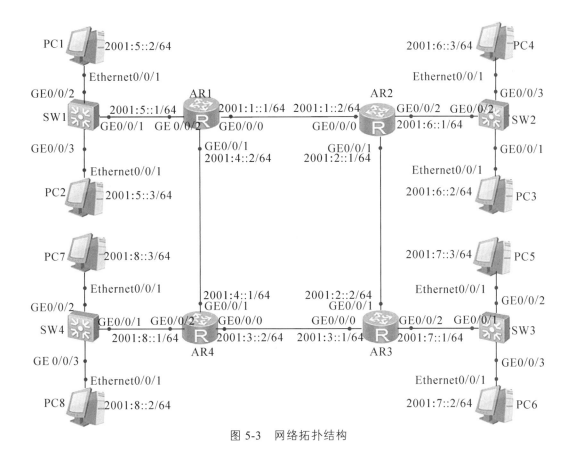

图 5-3 网络拓扑结构

5.2.2 具体要求

（1）配置各路由器接口 IP 地址。

    AR1:接口 GE0/0/0：2001:1::1； GE0/0/1：2001:4::2； GE0/0/2：2001:5::1。

    AR2:接口 GE0/0/0：2001:1::2； GE0/0/1：2001:2::1； GE0/0/2：2001:6::1。

    AR3:接口 GE0/0/0：2001:3::1； GE0/0/1：2001:2::2； GE0/0/2：2001:7::1。

    AR4:接口 GE0/0/0：2001:3::2； GE0/0/1：2001:4::1； GE0/0/2：2001:8::1。

（2）配置各主机 IP 地址、子网掩码和网关地址等信息。

    PC1:2001:5::2/64; PC2:2001:5::3/64; PC3:2001:6::2/64;

    PC4:2001:6::3/64; PC5:2001:7::3/64; PC6:2001:7::2/64

    PC7:2001:8::3/64; PC8:2001:8::2/64;

（3）配置 RIPng 协议，让所有主机之间都能通信。

（4）验证配置，测试主机之间的连通性。

（5）查看路由器的路由表信息和路由跟踪。

5.2.3 RIPng 技术实践

准备工作：打开 eNSP 模拟器，正确搭建网络拓扑，配置好主机 IP 地址。

第 1 步：配置路由器 AR1 3 个接口 IP 地址和子网掩码。

<Huawei>**undo terminal monitor**　　　　（关闭路由器调试、日志、告警信息显示）

<Huawei>**system-view**　　　　（进入系统视图）

[Huawei]**sysname R1**　　　　（重命名路由器为R1）

[R1]**ipv6**　　　　（全局启用IPv6功能）

[R1]**interface g0/0/0**　　　　　　　　（进入接口GE0/0/0）

[R1-GigabitEthernet0/0/0]**ipv6 enable**　　　　（接口GE0/0/0开启IPv6功能）

[R1-GigabitEthernet0/0/0]**ipv6 address 2001:1::1/64**　　（配置GE0/0/0的IP地址）

[R1-GigabitEthernet0/0/0]**interface g0/0/1**

[R1-GigabitEthernet0/0/1]**ipv6 enable**

[R1-GigabitEthernet0/0/1]**ipv6 address 2001:4::2/64**

[R1-GigabitEthernet0/0/1]**interface g0/0/2**

[R1-GigabitEthernet0/0/2]**ipv6 enable**

[R1-GigabitEthernet0/0/2]**ipv6 address 2001:5::1/64**

[R1-GigabitEthernet0/0/2]**quit**

第 2 步：配置路由器 AR2 3 个接口 IP 地址和子网掩码。

<Huawei>**undo terminal monitor**　　　　（关闭路由器调试、日志、告警信息显示）

<Huawei>**system-view**　　　　（进入系统视图）

[Huawei]**sysname R2**　　　　（重命名路由器为R2）

[R2]**ipv6**　　　　　　　　　　　　　（全局启用IPv6功能）

[R2]**interface g0/0/0**　　　　　　　　（进入接口GE0/0/0）

[R2-GigabitEthernet0/0/0]**ipv6 enable**　　　　（接口GE0/0/0开启IPv6功能）

[R2-GigabitEthernet0/0/0]**ipv6 address 2001:1::2/64**　　（配置GE0/0/0的IP地址）

[R2-GigabitEthernet0/0/0]**interface g0/0/1**

[R2-GigabitEthernet0/0/1]**ipv6 enable**

[R2-GigabitEthernet0/0/1]**ipv6 address 2001:2::1/64**

[R2-GigabitEthernet0/0/1]**interface g0/0/2**

[R2-GigabitEthernet0/0/2]**ipv6 enable**

[R2-GigabitEthernet0/0/2]**ipv6 address 2001:6::1/64**

[R2-GigabitEthernet0/0/2]**quit**

第 3 步：配置路由器 AR3 3 个接口 IP 地址和子网掩码。

<Huawei>**undo terminal monitor**　　　　（关闭路由器调试、日志、告警信息显示）

<Huawei>**system-view**　　　　（进入系统视图）

[Huawei]**sysname R3**　　　　（重命名路由器为R3）

[R3]**ipv6**　　　　（全局启用IPv6功能）

[R3]**interface g0/0/0**　　　　　　　　（进入接口GE0/0/0）

[R3-GigabitEthernet0/0/0]**ipv6 enable**　　　　（接口GE0/0/0开启IPv6功能）

[R3-GigabitEthernet0/0/0]**ipv6 address 2001:3::1/64**　　（配置GE0/0/0的IP地址）

[R3-GigabitEthernet0/0/0]**interface   g0/0/1**

[R3-GigabitEthernet0/0/1]**ipv6   enable**

[R3-GigabitEthernet0/0/1]**ipv6   address   2001:2::2/64**

[R3-GigabitEthernet0/0/1]**interface   g0/0/2**

[R3-GigabitEthernet0/0/2]**ipv6   enable**

[R3-GigabitEthernet0/0/2]**ipv6   address   2001:7::1/64**

[R3-GigabitEthernet0/0/2]**quit**

第 4 步：配置路由器 AR4 3 个接口 IP 地址和子网掩码。

<Huawei>**undo   terminal   monitor**　　　　（关闭路由器调试、日志、告警信息显示）

<Huawei>**system-view**　　　　　　　　　　（进入系统视图）

[Huawei]**sysname   R4**　　　　　　　　　（重命名路由器为R4）

[R4]**ipv6**　　　　　　　　　　　　（全局启用IPv6功能）

[R4]**interface   g0/0/0**　　　　　　　　　　　　（进入接口GE0/0/0）

[R4-GigabitEthernet0/0/0]**ipv6   enable**　　　　　　（接口GE0/0/0开启IPv6功能）

[R4-GigabitEthernet0/0/0]**ipv6   address   2001:3::2/64**　　（配置GE0/0/0的IP地址）

[R4-GigabitEthernet0/0/0]**interface   g0/0/1**

[R4-GigabitEthernet0/0/1]**ipv6   enable**

[R4-GigabitEthernet0/0/1]**ipv6   address   2001:4::1/64**

[R4-GigabitEthernet0/0/1]**interface   g0/0/2**

[R4-GigabitEthernet0/0/2]**ipv6   enable**

[R4-GigabitEthernet0/0/2]**ipv6   address   2001:8::1/64**

[R4-GigabitEthernet0/0/2]**quit**

第 5 步：配置 AR1 的 RIPng 路由协议。

[R1]**ripng   1**　　　　　　　　　（创建RIPng进程，进入RIPng视图）

[R1-ripng-1]**quit**　　　　　　　　　（返回系统视图）

[R1]**interface   g0/0/0**　　　　　　　　　（进入接口GE0/0/0）

[R1-GigabitEthernet0/0/0]**ripng   1   enable**　　（在接口GE0/0/0启用RIPng协议）

[R1-GigabitEthernet0/0/0]**quit**　　　　　　（返回系统视图）

[R1]**interface   g0/0/1**

[R1-GigabitEthernet0/0/1]**ripng   1   enable**

[R1-GigabitEthernet0/0/1]**quit**

[R1]**interface   g0/0/2**

[R1-GigabitEthernet0/0/2]**ripng   1   enable**

[R1-GigabitEthernet0/0/2]**quit**

第 6 步：配置 AR2 的 RIPng 协议。

[R2]**ripng   1**　　　　　　　　　（创建RIPng进程，进入RIPng视图）

[R2-ripng-1]**quit**　　　　　　　　　（返回系统视图）

[R2]**interface   g0/0/0**　　　　　　　　　（进入接口GE0/0/0）

[R2-GigabitEthernet0/0/0]**ripng　1　enable**　（在接口GE0/0/0启用RIPng协议）

[R2-GigabitEthernet0/0/0]**quit**　（返回系统视图）

[R2]**interface　g0/0/1**

[R2-GigabitEthernet0/0/1]**ripng　1　enable**

[R2-GigabitEthernet0/0/1]**quit**

[R2]**interface　g0/0/2**

[R2-GigabitEthernet0/0/2]**ripng　1　enable**

[R2-GigabitEthernet0/0/2]**quit**

第 7 步：配置 AR3 的 RIPng 协议。

[R3]**ripng　1**　（创建RIPng进程，进入RIPng视图）

[R3-ripng-1]**quit**　（返回系统视图）

[R3]**interface　g0/0/0**　（进入接口GE0/0/0）

[R3-GigabitEthernet0/0/0]**ripng　1　enable**　（在接口GE0/0/0启用RIPng协议）

[R3-GigabitEthernet0/0/0]**quit**　（返回系统视图）

[R3]**interface　g0/0/1**

[R3-GigabitEthernet0/0/1]**ripng　1　enable**

[R3-GigabitEthernet0/0/1]**quit**

[R3]**interface　g0/0/2**

[R3-GigabitEthernet0/0/2]**ripng　1　enable**

[R3-GigabitEthernet0/0/2]**quit**

第 8 步：配置 AR4 的 RIPng 协议。

[R4]**ripng　1**　（创建RIPng进程，进入RIPng视图）

[R4-ripng-1]**quit**　（返回系统视图）

[R4]**interface　g0/0/0**　（进入接口GE0/0/0）

[R4-GigabitEthernet0/0/0]**ripng　1　enable**　（在接口GE0/0/0启用RIPng协议）

[R4-GigabitEthernet0/0/0]**quit**　（返回系统视图）

[R4]**interface　g0/0/1**

[R4-GigabitEthernet0/0/1]**ripng　1　enable**

[R4-GigabitEthernet0/0/1]**quit**

[R4]**interface　g0/0/2**

[R4-GigabitEthernet0/0/2]**ripng　1　enable**

[R4-GigabitEthernet0/0/2]**quit**

5.2.4　网络连通性检查

选取网络中任意两台主机互 ping，检查是否能 ping 通。此处在主机 PC1 上 ping 主机 PC6，命令为 **ping 2001:7::2**，其连接情况如图 5-4 所示。

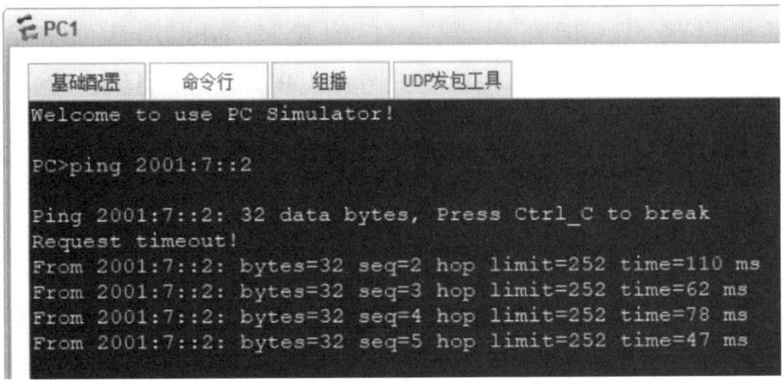

图 5-4　PC1 与 PC7 连通情况

根据图 5-4 所示，主机之间具备通信功能，RIPng 协议配置正确且已正常工作。

5.2.5　查看路由表信息与路由跟踪

用户可以在各路由器上运行命令 **display ripng 1 route**，查看路由信息。这里以路由器 AR1 举例，路由信息如图 5-5 所示。

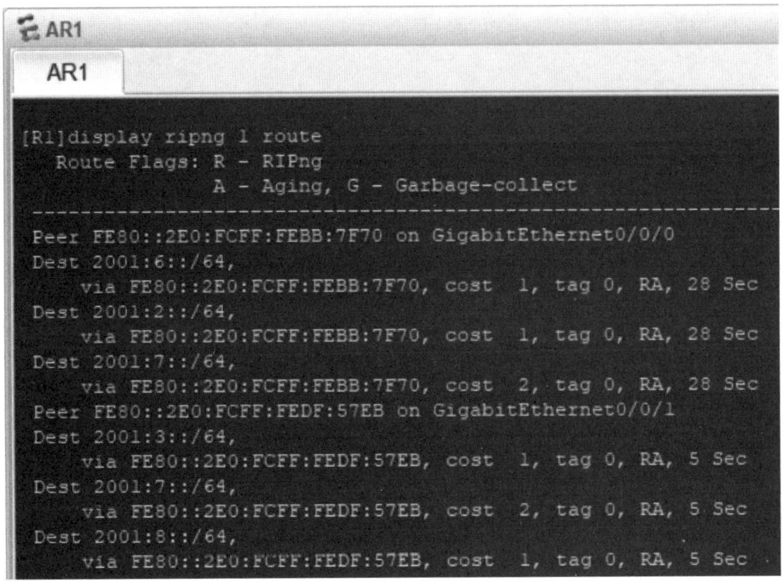

图 5-5　路由器 AR1 路由表

IPv6 网络中，路由器的邻居信息均是以链路本地地址进行记录，读者可通过命令 **display ipv6 interface** 查看路由器链路本地地址。

分析 AR1 路由表和路由器链路本地地址可以发现，AR1 路由器的接口 GE0/0/0 和 GE0/0/1 存在邻居路由信息。其中，与 GE0/0/0 接口直连的路由器接口（即路由器 AR2 的接口 GE0/0/0）的链路本地地址为 FE80::2E0:FCFF:FEBB:7F70，AR1 通过该接口连接网络 2001:2::/64、2001:6::/64 和 2001:7::/64，跳数分别是 1、1、2 跳，符合距离向量算法结果。同理，与 GE0/0/1

- 095 -

接口直连的路由器接口（即路由器 AR4 的接口 GE0/0/1）的链路本地地址为 FE80::2E0:FCFF:FEDF:57EB，通过此接口连接网络 2001:3::/64、2001:8::/64 和 2001:7::/64，跳数分别是 1、1、2 跳。读者可运行相同命令对其余 3 个路由器的路由信息进行分析。

另外，我们还可以对 PC1 到 PC6 的通信链路进行路由跟踪，通过在主机 PC1 输入命令 **tracert 2001:7::2**，跟踪结果如图 5-6 所示。

图 5-6　PC1 到 PC7 的路由跟踪信息

分析上图可知，路由器在配置好 RIPng 路由后，PC1 发往 PC6 的数据包分别经过 AR1 的 GE0/0/2 接口（IP 地址 2001:5::1）、AR2 的 GE0/0/0 接口（IP 地址 2001:1::2）、AR3 的 GE0/0/1 接口（IP 地址 2001:2::2），到达主机 PC7（IP 地址 2001:7::2）。

5.3　IPv6 动态路由 OSPFv3 技术

内部网关协议 OSPF 是基于链路状态的动态路由协议。在《计算机网络技术实践》第 4 章中，我们介绍了 IPv4 网络中 OSPFv2 路由技术。本节将介绍 OSPFv3 和 OSPFv2 的联系与区别，IPv6 网络环境中 OSPFv3 动态路由知识、配置技术以及如何提取路由器中的信息。

5.3.1　OSPFv3 和 OSPFv2 联系与区别

OSPFv3 与 OSPFv2 在协议簇中的层次关系如图 5-7 所示。

图 5-7　OSPFv3 与 OSPFv2 的层次关系图

OSPFv3 和 OSPFv2 既有相似之处，也有区别。

相似之处包括：（1）路由器类型相同。包括内部路由器（Internal Router）、主干路由器（Backbone Router）、区域边界路由器（Area Border Router）和自治系统边界路由器

（Autonomous System Boundary Router，描述了区域外的路由信息）。（2）都引入了"分层路由"的概念，支持的区域类型相同，包括主干区域（area 0）、标准区域、完全存根区域、不完全存根区域。（3）都使用 Dijkstra 提出的最短通路优先算法（SPF，Shortest Path First）计算到达各个目标的最佳路由。（4）指定路由 DR 和备份指定路由 BDR 的选举过程相同。（5）基本数据包类型相同，都使用 Hello、DBD、LSR、LSU 和 LSA。（6）邻居的发现和邻居关系的建立机制相同。（7）度量值的计算方法相同，都使用链路开销。

不同之处包括：（1）在 OSPFv3 中，用"链路（link）"取代了 OSPFv2 中的"网络（network）"或"子网（subnet）"的概念。在 IPv6 网络中，路由设备的一个接口可以配置多个 IPv6 地址。如果两个接点与同一个链路相连，即使它们不在同一个 IP 子网上，也能够通过该"链路"连通。（2）OSPFv3 进程运行在链路上，OSPFv2 进程运行在子网上。（3）一条链路上可以运行多个 OSPF 实例（instance）。例如，可以使用两个实例让一条链路运行在两个区域内。（4）IPv6 地址信息仅在 LSU 的载荷（payload）中携带。（5）路由器 ID、区域 ID 和 LSA 链路状态 ID 值仍然使用 32 bit 表达，不能使用 IPv6 地址表示。（6）OSPFv3 总是使用路由器 ID 来确认邻接路由器的身份。对于 OSPFv2，在 NBMA 和 BMA 网络中，使用路由器 IP 地址确认邻接路由器的身份；在点到点网络和虚链路上使用路由器 ID 确认邻接路由器身份。（7）OSPFv2 使用本链路地址（link-local address）发现邻居和完成自动配置等工作。IPv6 路由器并不转发源地址是本链路地址的数据包，OSPFv3 认为每台路由器已经为它相接的每个物理网段分配了本链路地址。

OSPFv3 相关命令如表 5-1 所示。

表 5-1　OSPFv3 配置中常见命令格式和功能等

命令配置状态	命令	功能
系统视图模式	**ospfv3 [进程号]**	在当前路由器上启用 OSPFv3 协议并指定进程号，进程号取值范围 1~65535
路由配置模式	**router-id <路由 ID 号>**	指定使用 OSPFv3 的路由 ID 号码，该号码是一个 32 位的无符号整数，形如 1.1.1.1、2.2.2.2 等
接口配置模式	**ospfv3 <进程号> area <区域编号> [instance <实例号>]**	声明当前接口所连的网段使用 OSPFv3 协议，并加入到对应的区域中，默认实例号为 0
任何配置模式	display ospfv3 routing	查看当前路由器学习到的 OSPFv3 路由信息
任何配置模式	display ospfv3 peer	查看当前路由器的 OSPFv3 邻居关系
任何配置模式	display ipv6 routing-table statistics	查看当前路由器 IPv6 综合路由统计信息

5.3.2　OSPFv3 拓扑结构

OSPFv3 拓扑结构如图 5-8 所示。在本例中，共有 3 个 OSPF 区域：区域 0（Area 0）、区域 10（Area 10）和区域 20（Area 20），其中区域 0 是骨干区域。

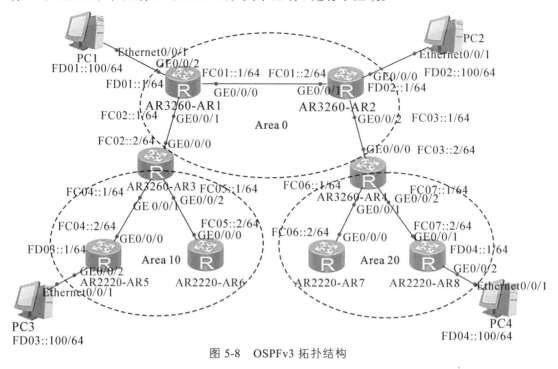

图 5-8　OSPFv3 拓扑结构

5.3.3　OSPFv3 具体要求

（1）设置路由器的名字。

（2）启动路由器的 IPv6 功能，设置路由器各接口的 IPv6 地址和子网掩码。

（3）配置 3 个 OSPF 区域，并将相应接口归入到对应的区域，如图 5-8 所示。

（4）查看路由器的 IPv6 直连路由。

（5）配置 OSPFv3 动态路由；设置路由器 ID，AR1 的 ID 是 1.1.1.1，AR2 的 ID 是 2.2.2.2，以此类推。

（6）验证配置。测试 PC1 ~ PC4 主机之间的连通性。

（7）提取路由器 IPv6 路由表、邻居路由、拓扑结构等信息。

（8）验证结果正确后，保存配置信息。

5.3.4　OSPFv3 实现技术

第 1 步：设置路由器的名字，启动路由器的 IPv6 功能，设置路由器各接口的 IPv6 地址和子网掩码。

在路由器 AR1 中启用 IPv6 功能并配置各接口的 IPv6 地址和子网掩码。

<Huawei>**undo　terminal　monitor**

<Huawei>**system-view**

Enter system view, return user view with Ctrl+Z.

[Huawei]**sysname　AR1**

[AR1]**ipv6**

[AR1]**interface g0/0/0**

[AR1-GigabitEthernet0/0/0]**ipv6 enable**

[AR1-GigabitEthernet0/0/0]**ipv6 address fc01::1　64**

[AR1-GigabitEthernet0/0/0]**interface g0/0/1**

[AR1-GigabitEthernet0/0/1]**ipv6　enable**

[AR1-GigabitEthernet0/0/1]**ipv6　address　fc02::1　64**

[AR1-GigabitEthernet0/0/1]**interface　g0/0/2**

[AR1-GigabitEthernet0/0/2]**ipv6　enable**

[AR1-GigabitEthernet0/0/2]**ipv6　address　fd01::1　64**

[AR1-GigabitEthernet0/0/2]**quit**

[AR1]

在路由器 AR2 中启用 IPv6 功能并配置各接口的 IPv6 地址和子网掩码。

<Huawei>**undo　terminal　monitor**

<Huawei>**system-view**

Enter system view, return user view with Ctrl+Z.

[Huawei]**sysname　AR2**

[AR2]**ipv6**

[AR2]interface g0/0/0

[AR2-GigabitEthernet0/0/0]ipv6　enable

[AR2-GigabitEthernet0/0/0]ipv6　address FD02::1　64

[AR2-GigabitEthernet0/0/0]interface　g0/0/1

[AR2-GigabitEthernet0/0/1]ipv6 enable

[AR2-GigabitEthernet0/0/1]ipv6　address FC01::2　64

[AR2-GigabitEthernet0/0/1]interface　g0/0/2

[AR2-GigabitEthernet0/0/2]ipv6 enable

[AR2-GigabitEthernet0/0/2]ipv6 address FC03::1　64

[AR2-GigabitEthernet0/0/2]quit

[AR2]

在路由器 AR3 中启用 IPv6 功能并配置各接口的 IPv6 地址和子网掩码。

<Huawei>**undo　terminal　monitor**

<Huawei>**system-view**

Enter system view, return user view with Ctrl+Z.

[Huawei]**sysname　AR3**

[AR3]**ipv6**

[AR3]interface　g0/0/0

[AR3-GigabitEthernet0/0/0]ipv6　enable

[AR3-GigabitEthernet0/0/0]ipv6 address FC02::2　64

[AR3-GigabitEthernet0/0/0]interface g0/0/1

[AR3-GigabitEthernet0/0/1]ipv6 enable

[AR3-GigabitEthernet0/0/1]ipv6 address FC04::1　64

[AR3-GigabitEthernet0/0/1]interface g0/0/2

[AR3-GigabitEthernet0/0/2]ipv6 enable

[AR3-GigabitEthernet0/0/2]ipv6 address FC05::1　64

[AR3-GigabitEthernet0/0/2]quit

[AR3]

在路由器 AR4 中启用 IPv6 功能并配置各接口的 IPv6 地址和子网掩码。

<Huawei>**undo　terminal　monitor**

<Huawei>**system-view**

Enter system view, return user view with Ctrl+Z.

[Huawei]**sysname　AR4**

[AR4]**ipv6**

[AR4]**interface　g0/0/0**

[AR4-GigabitEthernet0/0/0]**ipv6　enable**

[AR4-GigabitEthernet0/0/0]**ipv6　address　FC03::2　64**

[AR4-GigabitEthernet0/0/0]**interface　g0/0/1**

[AR4-GigabitEthernet0/0/1]**ipv6　enable**

[AR4-GigabitEthernet0/0/1]**ipv6　address　FC06::1　64**

[AR4-GigabitEthernet0/0/1]**interface　g0/0/2**

[AR4-GigabitEthernet0/0/2]**ipv6　enable**

[AR4-GigabitEthernet0/0/2]**ipv6　address　FC07::1　64**

[AR4-GigabitEthernet0/0/2]**quit**

[AR4]

在路由器 AR5 中启用 IPv6 功能并配置各接口的 IPv6 地址和子网掩码。

<Huawei>**undo　terminal　monitor**

<Huawei>**system-view**

Enter system view, return user view with Ctrl+Z.

[Huawei]**sysname　AR5**

[AR5]**ipv6**

[AR5]interface g0/0/0

[AR5-GigabitEthernet0/0/0]ipv6　enable

[AR5-GigabitEthernet0/0/0]ipv6　address　FC04::2　64

[AR5-GigabitEthernet0/0/0]interface　g0/0/2

[AR5-GigabitEthernet0/0/2]ipv6　enable

[AR5-GigabitEthernet0/0/2]ipv6　address　FD03::1　64

[AR5-GigabitEthernet0/0/2]quit

[AR5]

在路由器 AR6 中启用 IPv6 功能并配置各接口的 IPv6 地址和子网掩码。

<Huawei>**undo　terminal　monitor**

<Huawei>**system-view**

Enter system view, return user view with Ctrl+Z.

[Huawei]**sysname　AR6**

[AR6]**ipv6**

[AR6]interface　g0/0/0

[AR6-GigabitEthernet0/0/0]ipv6　enable

[AR6-GigabitEthernet0/0/0]ipv6　address FC05::2　64

[AR6-GigabitEthernet0/0/0]quit

[AR6]

在路由器 AR7 中启用 IPv6 功能并配置各接口的 IPv6 地址和子网掩码。

<Huawei>**undo　terminal　monitor**

<Huawei>**system-view**

Enter system view, return user view with Ctrl+Z.

[Huawei]**sysname　AR7**

[AR7]**ipv6**

[AR7]interface g0/0/0

[AR7-GigabitEthernet0/0/0]ipv6　enable

[AR7-GigabitEthernet0/0/0]ipv6　address FC06::2　64

[AR7-GigabitEthernet0/0/0]quit

[AR7]

在路由器 AR8 中启用 IPv6 功能并配置各接口的 IPv6 地址和子网掩码。

<Huawei>**undo　terminal　monitor**

<Huawei>**system-view**

Enter system view, return user view with Ctrl+Z.

[Huawei]**sysname　AR8**

[AR8]**ipv6**

[AR8]interface g0/0/1

[AR8-GigabitEthernet0/0/1]ipv6　enable

[AR8-GigabitEthernet0/0/1]ipv6　address　FC07::2　64

[AR8-GigabitEthernet0/0/1]interface　g0/0/2

[AR8-GigabitEthernet0/0/2]ipv6   enable

[AR8-GigabitEthernet0/0/2]ipv6   address   FD04::1   64

[AR8-GigabitEthernet0/0/2]quit

[AR8]

第 2 步：配置 3 个 OSPF 区域，并将相应接口归入到对应的区域，设置路由的 ID。

在 AR1 中启动 OSPFv3 协议，进程号为 6666，设置路由 ID 为 1.1.1.1，根据拓扑结构将相应接口归入到对应的区域。

[AR1]**ospfv3   6666**   （在当前路由器上启用OSPFv3协议并创建6666号进程）

[AR1-ospfv3-6666]**router-id   1.1.1.1**

[AR1-ospfv3-6666]**quit**

[AR1]**interface   g0/0/0**

[AR1-GigabitEthernet0/0/0]**ospfv3   6666   area   0**   （声明 GE0/0/0所连的网段使用OSPFv3协议，并加入区域0）

[AR1-GigabitEthernet0/0/0]**interface   g0/0/1**

[AR1-GigabitEthernet0/0/1]**ospfv3   6666   area   0**

[AR1-GigabitEthernet0/0/1]**interface   g0/0/2**

[AR1-GigabitEthernet0/0/2]**ospfv3   6666   area   0**

[AR1-GigabitEthernet0/0/2]**quit**

[AR1]

AR2 中启动 OSPFv3 协议，进程号为 6666，设置路由 ID 为 2.2.2.2，根据拓扑结构将相应接口归入到对应的区域。

[AR2]**ospfv3   6666**

[AR2-ospfv3-6666]**router-id   2.2.2.2**

[AR2-ospfv3-6666]**interface   g0/0/0**

[AR2-GigabitEthernet0/0/0]**ospfv3   6666   area   0**

[AR2-GigabitEthernet0/0/0]**interface   g0/0/1**

[AR2-GigabitEthernet0/0/1]**ospfv3   6666   area   0**

[AR2-GigabitEthernet0/0/1]**interface   g0/0/2**

[AR2-GigabitEthernet0/0/2]**ospfv3   6666   area   0**

[AR2-GigabitEthernet0/0/2]**quit**

[AR2]

在 AR3 中启动 OSPFv3 协议，进程号为 6666，设置路由 ID 为 3.3.3.3，把 GE0/0/0 接口归入到区域 0，其他接口加入区域 10。

[AR3]**ospfv3   6666**

[AR3-ospfv3-6666]**router-id   3.3.3.3**

[AR3-ospfv3-6666]**quit**

[AR3]**interface   g0/0/0**

[AR3-GigabitEthernet0/0/0]**ospfv3 6666 area 0**

[AR3-GigabitEthernet0/0/0]**interface g0/0/1**

[AR3-GigabitEthernet0/0/1]**ospfv3 6666 area 10** （声明GE0/0/1所连的网段使用OSPFv3协议，并加入区域10）

[AR3-GigabitEthernet0/0/1]**interface g0/0/2**

[AR3-GigabitEthernet0/0/2]**ospfv3 6666 area 10**

[AR3-GigabitEthernet0/0/2]**quit**

[AR3]

配置 AR4 的路由 ID 为 4.4.4.4，进程号为 6666，把 GE0/0/0 接口归入到区域 0，其他接口加入到区域 20。

[AR4]**ospfv3 6666**

[AR4-ospfv3-6666]**router-id 4.4.4.4**

[AR4-ospfv3-6666]**quit**

[AR4]**interface g0/0/0**

[AR4-GigabitEthernet0/0/0]**ospfv3 6666 area 0**

[AR4-GigabitEthernet0/0/0]**interface g0/0/1**

[AR4-GigabitEthernet0/0/1]**ospfv3 6666 area 20**

[AR4-GigabitEthernet0/0/1]**interface g0/0/2**

[AR4-GigabitEthernet0/0/2]**ospfv3 6666 area 20**

[AR4-GigabitEthernet0/0/2]**quit**

[AR4]

配置 AR5 的路由 ID 为 5.5.5.5，进程号为 6666，把所有接口加入区域 10。

[AR5]**ospfv3 6666**

[AR5-ospfv3-6666]**router-id 5.5.5.5**

[AR5-ospfv3-6666]**quit**

[AR5]**interface g0/0/0**

[AR5-GigabitEthernet0/0/0]**ospfv3 6666 area 10**

[AR5-GigabitEthernet0/0/0]**interface g0/0/2**

[AR5-GigabitEthernet0/0/2]**ospfv3 6666 area 10**

[AR5-GigabitEthernet0/0/2]**quit**

[AR5]

配置 AR6 的路由 ID 为 6.6.6.6，进程号为 6666，把所有接口加入区域 10。

[AR6]**ospfv3 6666**

[AR6-ospfv3-6666]**router-id 6.6.6.6**

[AR6-ospfv3-6666]quit

[AR6]**interface g0/0/0**

[AR6-GigabitEthernet0/0/0]**ospfv3 6666 area 10**

[AR6-GigabitEthernet0/0/0]**quit**

[AR6]

配置 AR7 的路由 ID 为 7.7.7.7，进程号为 6666，把所有接口加入区域 20。

[AR7]**ospfv3   6666**

[AR7-ospfv3-6666]**router-id   7.7.7.7**

[AR7-ospfv3-6666]**quit**

[AR7]**interface   g0/0/0**

[AR7-GigabitEthernet0/0/0]**ospfv3   6666   area   20**

[AR7-GigabitEthernet0/0/0]**quit**

[AR7]

配置 AR8 的路由 ID 为 8.8.8.8，进程号为 6666，把所有接口加入区域 20。

[AR8]**ospfv3   6666**

[AR8-ospfv3-6666]**router-id   8.8.8.8**

[AR8-ospfv3-6666]**quit**

[AR8]**interface   g0/0/1**

[AR8-GigabitEthernet0/0/1]**ospfv3   6666   area   20**

[AR8-GigabitEthernet0/0/1]**interface   g0/0/2**

[AR8-GigabitEthernet0/0/2]**ospfv3   6666   area   20**

[AR8-GigabitEthernet0/0/2]**quit**

[AR8]

第 3 步：测试各设备之间的连通性并跟踪路由。

在路由器 AR5 中用 ping ipv6 命令测试与 PC1 的连通性。

<AR5>**ping   ipv6   FD01::100**

  PING FD01::100 : 56   data bytes, press CTRL_C to break

    Reply from FD01::100

    bytes=56 Sequence=1 hop limit=253   time = 30 ms

    Reply from FD01::100

    bytes=56 Sequence=2 hop limit=253   time = 20 ms

    Reply from FD01::100

    bytes=56 Sequence=3 hop limit=253   time = 40 ms

    Reply from FD01::100

    bytes=56 Sequence=4 hop limit=253   time = 10 ms

    Reply from FD01::100

    bytes=56 Sequence=5 hop limit=253   time = 30 ms

在路由器 AR5 中用 ping ipv6 命令测试与 PC2 的连通性。

<AR5>**ping   ipv6   FD02::100**

  PING FD02::100 : 56   data bytes, press CTRL_C to break

Reply from FD02::100

bytes=56 Sequence=1 hop limit=252　　time = 40 ms

Reply from FD02::100

bytes=56 Sequence=2 hop limit=252　　time = 20 ms

Reply from FD02::100

bytes=56 Sequence=3 hop limit=252　　time = 50 ms

Reply from FD02::100

bytes=56 Sequence=4 hop limit=252　　time = 30 ms

Reply from FD02::100

bytes=56 Sequence=5 hop limit=252　　time = 40 ms

在路由器 AR5 中用 ping ipv6 命令测试与 PC4 的连通性。

\<AR5\>ping　　ipv6　　FD04::100

　PING FD04::100 : 56　　data bytes, press CTRL_C to break

　Reply from FD04::100

　bytes=56 Sequence=1 hop limit=250　　time = 60 ms

　Reply from FD04::100

　bytes=56 Sequence=2 hop limit=250　　time = 50 ms

　Reply from FD04::100

　bytes=56 Sequence=3 hop limit=250　　time = 40 ms

　Reply from FD04::100

　bytes=56 Sequence=4 hop limit=250　　time = 50 ms

　Reply from FD04::100

　bytes=56 Sequence=5 hop limit=250　　time = 40 ms

　　从上述结果可以看出，AR5 能与 PC1、PC2 和 PC4 正常通信。由于 PC3 的默认网关是 AR5 的 GE0/0/2 接口地址，只要 PC3 的 IPv6 地址和默认网关地址设置正确，PC3 与 PC1、PC2、PC4 也能正常通信。

　　下面跟踪路由器 AR5 到 PC2 的 IPv6 数据包转发路径。

\<AR5\>tracert　　ipv6　　FD02::100

traceroute to FD02::100　　30 hops max,60 bytes packet

1　FC04::1　　　50 ms　　20 ms　　10 ms

2　FC02::1　　　40 ms　　30 ms　　30 ms

3　FC01::2　　　50 ms　　30 ms　　40 ms

4　FD02::100　　40 ms　　40 ms　　30 ms

　　从上述结果可以看出，路由器 AR5 要把 IPv6 数据包转发给 PC2，经过了 3 个网关地址（FC04::1、FC02::1、FC01::2），最终到达目的地 FD02::100。

　　从上面的测试结果来看，OSPFv3 配置正确且运行稳定，接下来网络工程师可以用

"**display ospfv3 peer**"命令来查看当前路由器的 OSPFv3 邻居关系。下面以 AR3 为例，结果如下：

<AR3>**display ospfv3 peer**

OSPFv3 Process (6666)

OSPFv3 Area (0.0.0.0)

Neighbor ID	Pri	State	Dead Time Interface	Instance ID
1.1.1.1	1	Full/DR	00:00:36 GE0/0/0	0

OSPFv3 Area (0.0.0.10)

Neighbor ID	Pri	State	Dead Time Interface	Instance ID
5.5.5.5	1	Full/Backup	00:00:32 GE0/0/1	0
6.6.6.6	1	Full/Backup	00:00:37 GE0/0/2	0

从显示结果来看，路由器 AR3 使用的进程号是 6666，其有 3 个邻居：第 1 个邻居路由 ID 号是 1.1.1.1（在 IPv6 中邻居由邻居 Router Id 来标识，不再由邻居地址来标识），工作在区域 0.0.0.0，其工作状态是指定路由 DR（Designated Router），它负责接收所有路由器发来的信息并由其将网络链路状态发送出去。第 2 个邻居路由 ID 号是 5.5.5.5，工作在区域 0.0.0.10；第 3 个邻居路由 ID 号是 6.6.6.6，工作在区域 0.0.0.10。第 2 个邻居路由和第 3 个邻居路由都是备份指定路由器 BDR（Backup Designated Router），在广播网和 NBMA 网络中，BDR 的作用是当 DR 由于某种原因产生故障时，为了缩短重新选举 DR 的时间和确保路由计算的正确性，在 OSPF 网络中由 BDR 承担 DR 的职责。

<AR1>**display ospfv3 interface g0/0/1** （显示当前路由器GE0/0/1接口信息）

GigabitEthernet0/0/1 is up, line protocol is up

Interface ID 0x4

Interface MTU 1500

IPv6 Prefixes

FE80::2E0:FCFF:FE25:183B (Link-Local Address)

FC02::1/64

OSPFv3 Process (6666), Area 0.0.0.0, Instance ID 0

Router ID 1.1.1.1, Network Type BROADCAST, Cost: 1

Transmit Delay is 1 sec, State DR, Priority 1

Designated Router (ID) 1.1.1.1

Interface Address FE80::2E0:FCFF:FE25:183B

Backup Designated Router (ID) 3.3.3.3

Interface Address FE80::2E0:FCFF:FE3A:6AC9

Timer interval configured, Hello 10, Dead 40, Wait 40, Retransmit 5

Hello due in 00:00:06

Neighbor Count is 1, Adjacent neighbor count is 1

Interface Event 2, Lsa Count 2, Lsa Checksum 0xfd16

Interface Physical BandwidthHigh 0, BandwidthLow 1000000000

<AR1>

从上述结果可以看出，当前路由器 AR1 的 GE0/0/1 接口使用链路本地(Link-local)地址，该接口位于主干区域，OSPFv3 进程号是 6666，使用了缺省的实例 ID(0)，AR1 的 ID 号为 1.1.1.1。AR1 是指定路由器，AR3 是备份指定路由器。

下面获取 AR1 学习到的 OSPFv3 路由信息。

<AR1>**display ospfv3   routing**

Codes : E2 - Type 2 External, E1 - Type 1 External, IA - Inter-Area,
       N - NSSA, U - Uninstalled

OSPFv3 Process (6666)

Destination	Metric
Next-hop	
FC01::/64	1
directly connected, GigabitEthernet0/0/0	
FC02::/64	1
directly connected, GigabitEthernet0/0/1	
FC03::/64	2
via FE80::2E0:FCFF:FEDD:722, GigabitEthernet0/0/0	
IA FC04::/64	2
via FE80::2E0:FCFF:FE3A:6AC9, GigabitEthernet0/0/1	
IA FC05::/64	2
via FE80::2E0:FCFF:FE3A:6AC9, GigabitEthernet0/0/1	
IA FC06::/64	3
via FE80::2E0:FCFF:FEDD:722, GigabitEthernet0/0/0	
IA FC07::/64	3
via FE80::2E0:FCFF:FEDD:722, GigabitEthernet0/0/0	
FD01::/64	1
directly connected, GigabitEthernet0/0/2	
FD02::/64	2
via FE80::2E0:FCFF:FEDD:722, GigabitEthernet0/0/0	
IA FD03::/64	3
via FE80::2E0:FCFF:FE3A:6AC9, GigabitEthernet0/0/1	
IA FD04::/64	4
via FE80::2E0:FCFF:FEDD:722, GigabitEthernet0/0/0	

从上述结果可以看出，当前路由器 AR1 有 3 个直连 IPv6 网段，分别是 FC01::/64，FC02::/64，FD01::/64。AR1 有 6 个非直连 IPv6 网段，这些网段都不在本区域（IA 标注），都启用了 OSPFv3 协议且能达到。

\<AR1\>display ipv6 routing-table protocol ospfv3　　（显示路由表中OSPFv3路由信息）

Public Routing Table : OSPFv3

Summary Count : 11

OSPFv3 Routing Table's Status : < Active >

Summary Count : 8

Destination	: FC03::		PrefixLength : 64
NextHop	: FE80::2E0:FCFF:FEDD:722		Preference	: 10
Cost	: 2		Protocol	: OSPFv3
RelayNextHop : ::			TunnelID	: 0x0
Interface	: GigabitEthernet0/0/0		Flags	: D

Destination	: FC04::		PrefixLength : 64
NextHop	: FE80::2E0:FCFF:FE3A:6AC9		Preference	: 10
Cost	: 2		Protocol	: OSPFv3
RelayNextHop : ::			TunnelID	: 0x0
Interface	: GigabitEthernet0/0/1		Flags	: D

Destination	: FC05::		PrefixLength : 64
NextHop	: FE80::2E0:FCFF:FE3A:6AC9		Preference	: 10
Cost	: 2		Protocol	: OSPFv3
RelayNextHop : ::			TunnelID	: 0x0
Interface	: GigabitEthernet0/0/1		Flags	: D

Destination	: FC06::		PrefixLength : 64
NextHop	: FE80::2E0:FCFF:FEDD:722		Preference	: 10
Cost	: 3		Protocol	: OSPFv3
RelayNextHop : ::			TunnelID	: 0x0
Interface	: GigabitEthernet0/0/0		Flags	: D

Destination	: FC07::		PrefixLength : 64
NextHop	: FE80::2E0:FCFF:FEDD:722		Preference	: 10
Cost	: 3		Protocol	: OSPFv3
RelayNextHop : ::			TunnelID	: 0x0
Interface	: GigabitEthernet0/0/0		Flags	: D

Destination	: FD02::		PrefixLength : 64

NextHop	: FE80::2E0:FCFF:FEDD:722	Preference	: 10
Cost	: 2	Protocol	: OSPFv3
RelayNextHop : ::		TunnelID	: 0x0
Interface	: GigabitEthernet0/0/0	Flags	: D

Destination	: FD03::	PrefixLength	: 64
NextHop	: FE80::2E0:FCFF:FE3A:6AC9	Preference	: 10
Cost	: 3	Protocol	: OSPFv3
RelayNextHop : ::		TunnelID	: 0x0
Interface	: GigabitEthernet0/0/1	Flags	: D

Destination	: FD04::	PrefixLength	: 64
NextHop	: FE80::2E0:FCFF:FEDD:722	Preference	: 10
Cost	: 4	Protocol	: OSPFv3
RelayNextHop : ::		TunnelID	: 0x0
Interface	: GigabitEthernet0/0/0	Flags	: D

OSPFv3 Routing Table's Status : < Inactive >

Summary Count : 3

Destination	: FC01::	PrefixLength	: 64
NextHop	: ::	Preference	: 10
Cost	: 1	Protocol	: OSPFv3
RelayNextHop : ::		TunnelID	: 0x0
Interface	: GigabitEthernet0/0/0	Flags	:

Destination	: FC02::	PrefixLength	: 64
NextHop	: ::	Preference	: 10
Cost	: 1	Protocol	: OSPFv3
RelayNextHop : ::		TunnelID	: 0x0
Interface	: GigabitEthernet0/0/1	Flags	:

Destination	: FD01::	PrefixLength	: 64
NextHop	: ::	Preference	: 10
Cost	: 1	Protocol	: OSPFv3
RelayNextHop : ::		TunnelID	: 0x0
Interface	: GigabitEthernet0/0/2	Flags	:

从上述结果可以看出，当前路由器 AR1 有 11 条路由信息，活动的有 8 条，不活动的有 3 条。

<AR1>display ipv6 routing-table statistics   (查看 IPv6 综合路由统计信息)
Summary Prefixes : 16

Protocol	route	active	added	deleted	freed
DIRECT	8	8	8	0	0
STATIC	0	0	0	0	0
RIPng	0	0	0	0	0
OSPFv3	**11**	**8**	**17**	**6**	**6**
IS-IS	0	0	0	0	0
BGP	0	0	0	0	0
UNR	0	0	0	0	0
Total	19	16	25	6	6

从上述结果可以看出，当前路由器 AR1 有 11 条 OSPFv3 路由信息，与前面的图 5-8 拓扑结构一致。活动的路由有 8 条，增加的有 17 条，删除的有 6 条，释放的有 6 条。

<AR1>display ospfv3 topology   (显示当前路由器拓扑信息)
OSPFv3 Process (6666)
OSPFv3 Area (0.0.0.0) topology

Type	ID(If-Index)	Bits	Metric	Next-Hop	Interface
Rtr	1.1.1.1		--		
Rtr	**2.2.2.2**		**1**	**2.2.2.2**	**GE0/0/0**
Net	2.2.2.2(4)		1	0.0.0.0	GE0/0/0
Rtr	**3.3.3.3**	**B**	**1**	**3.3.3.3**	**GE0/0/1**
Net	3.3.3.3(3)		1	0.0.0.0	GE0/0/1
Rtr	**4.4.4.4**	**B**	**2**	**2.2.2.2**	**GE0/0/0**
Net	4.4.4.4(3)		2	2.2.2.2	GE0/0/0

从上述结果可以看出，当前路由器 AR1 在主干区域，AR1 与 2.2.2.2、3.3.3.3 的度量值（Metric）都是 1，说明它们是邻居关系，即：AR1 的 GE0/0/0 与路由 ID 为 2.2.2.2 的路由器（AR2）相连接；AR1 的 GE0/0/1 与路由 ID 为 3.3.3.3 的路由器（AR3）相连接；AR1 要达到 AR4，要通过本路由器 AR1 的 GE0/0/0，经由 AR2 才能达到 AR4，所以度量值是 2。

5.4   基于 IPv6 的 VRRP 技术

5.4.1   网络拓扑结构

IPv6 环境下的 VRRP 负载均衡模式实例的网络拓扑结构如图 5-9 所示。

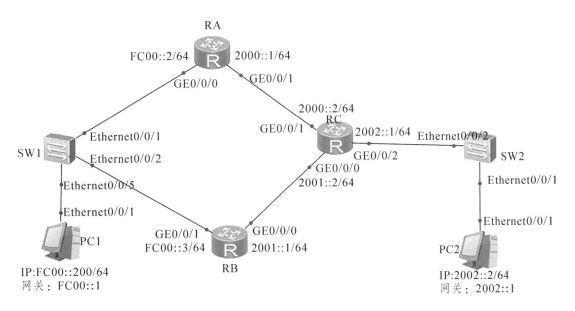

图 5-9　IPv6 环境下 VRRP 负载均衡配置实例网络拓扑结构

5.4.2　具体要求

（1）网络拓扑结构如图 5-9 所示，各路由器接口和 PC1、PC2 的 IP 地址等配置如表 5-2 所示。

表 5-2　路由器各接口和 PC1、PC2 的 IP 地址等配置表

设备名	接口	IP 地址及掩码	备注
RA	GE0/0/0	FC00::2/64	主设备
	GE0/0/1	2000::1/64	
RB	GE0/0/0	2001::1/64	备用设备
	GE0/0/1	FC00::3/64	
RC	GE0/0/0	2001::2/64	
	GE0/0/1	2000::2/64	
	GE0/0/2	2002::1/64	
PC1		IP 地址：FC00::200/64 网关：FC00::1	VRRP 组的 IP 地址为 FC00::1
PC2		IP 地址：2002::2/64 网关：2002::1	

（2）配置路由器（在 eNSP 模拟器中选 AR3260 路由器）RA 和 RB 组成的 VRRP 组：RA 为主设备，RB 为备用设备。在正常工作时，PC1 通过 RA 转发数据。VRRP 组的 IP 地址设置为 FC00::1。

（3）测试：当 RA、RB 正常工作时，PC1 与 PC2 的连通性。

5.4.3　基于 IPv6 的 VRRP 技术实践

第 1 步：RA 的配置过程和命令。

```
<Huawei>undo terminal monitor
<Huawei>system-view
[Huawei]sysname RA
[RA]ipv6                    （在路由器上启用 IPv6）
[RA]interface g0/0/0
[RA-GigabitEthernet0/0/0]ipv6 enable       （在端口上使能 IPv6）
[RA-GigabitEthernet0/0/0]ipv6 address FC00::2 64    （设置端口的 IP 地址为 FC00::2/64）
[RA-GigabitEthernet0/0/0]quit
[RA]interface g0/0/1
[RA-GigabitEthernet0/0/1]ipv6 enable
[RA-GigabitEthernet0/0/1]ipv6 address 2000::1 64
[RA-GigabitEthernet0/0/1]quit


[RA]ospfv3                  （在路由器上启用 OSPFv3 路由协议）
[RA-ospfv3-1]router-id 1.1.1.1   （配置路由器 id）
[RA-ospfv3-1]quit
[RA]interface g0/0/0
[RA-GigabitEthernet0/0/0]ospfv3 1 area 0   （在端口上启用 OSPFv3,并申明其进程号为 1,
区域为 0）
[RA-GigabitEthernet0/0/0]quit
[RA]interface g0/0/1
[RA-GigabitEthernet0/0/1]ospfv3 1 area 0
[RA-GigabitEthernet0/0/1]quit


[RA]interface g0/0/0
[RA-GigabitEthernet0/0/0]vrrp6 vrid 1 virtual-ip FE80::1 link-local   （设置端口的 IPv6 链
路本地地址为 FE80::1）
[RA-GigabitEthernet0/0/0]vrrp6 vrid 1 virtual-ip FC00::1   （创建 VRRP6 备份组并配置虚
拟 IPv6 地址为 FC00::1）
```

[RA-GigabitEthernet0/0/0]vrrp6 vrid 1 priority 100 （设置端口在 VRRP6 备份组中的优先级为 100，在 VRRP6 备份组中，优先级高者为 master）

[RA-GigabitEthernet0/0/0]vrrp6 vrid 1 preempt-mode timer delay 30 （设置抢占时间为 30）

[RA-GigabitEthernet0/0/0]quit

第 2 步：RB 的配置过程和命令。

<Huawei>undo terminal monitor

<Huawei>system-view

[Huawei]sysname RB

[RB]ipv6

[RB]interface g0/0/0

[RB-GigabitEthernet0/0/0]ipv6 enable

[RB-GigabitEthernet0/0/0]ipv6 address 2001::1 64

[RB-GigabitEthernet0/0/0]quit

[RB]interface g0/0/1

[RB-GigabitEthernet0/0/1]ipv6 enable

[RB-GigabitEthernet0/0/1]ipv6 address FC00::3 64

[RB-GigabitEthernet0/0/1]quit

[RB]ospfv3

[RB-ospfv3-1]router-id 2.2.2.2

[RB-ospfv3-1]quit

[RB]interface g0/0/0

[RB-GigabitEthernet0/0/0]ospfv3 1 area 0

[RB-GigabitEthernet0/0/0]quit

[RB]interface g0/0/1

[RB-GigabitEthernet0/0/1]ospfv3 1 area 0

[RB-GigabitEthernet0/0/1]quit

[RB]interface g0/0/1

[RB-GigabitEthernet0/0/1]vrrp6 vrid 1 virtual-ip FE80::1 link-local

[RB-GigabitEthernet0/0/1]vrrp6 vrid 1 priority 50

[RB-GigabitEthernet0/0/1]vrrp6 vrid 1 virtual-ip FC00::1

[RB-GigabitEthernet0/0/1]quit

第 3 步：RC 的配置过程和命令。

<Huawei>undo terminal monitor

<Huawei>system-view

[Huawei]sysname RC

[RC]ipv6

[RC]interface g0/0/0

[RC-GigabitEthernet0/0/0]ipv6 enable

[RC-GigabitEthernet0/0/0]ipv6 address 2001::2 64

[RC-GigabitEthernet0/0/0]quit

[RC]interface g0/0/1

[RC-GigabitEthernet0/0/1]ipv6 enable

[RC-GigabitEthernet0/0/1]ipv6 address 2000::2 64

[RC-GigabitEthernet0/0/1]quit

[RC]interface g0/0/2

[RC-GigabitEthernet0/0/2]ipv6 enable

[RC-GigabitEthernet0/0/2]ipv6 address 2002::1 64

[RC-GigabitEthernet0/0/2]quit

[RC]ospfv3

[RC-ospfv3-1]router-id 3.3.3.3

[RC-ospfv3-1]quit

[RC]interface g0/0/0

[RC-GigabitEthernet0/0/0]ospfv3 1 area 0

[RC-GigabitEthernet0/0/0]quit

[RC]interface g0/0/1

[RC-GigabitEthernet0/0/1]ospfv3 1 area 0

[RC-GigabitEthernet0/0/1]quit

[RC]interface g0/0/2

[RC-GigabitEthernet0/0/2]ospfv3 1 area 0

[RC-GigabitEthernet0/0/2]quit

[RC]

第 4 步：在路由器 RA 上执行命令 display vrrp6，查看 vrrp6 配置情况。

[RA]display vrrp6

  GigabitEthernet0/0/0 | Virtual Router 1

    State : Master

    Virtual IP : FE80::1

FC00::1

Master IP : FE80::2E0:FCFF:FE1C:6D45

PriorityRun : 100

PriorityConfig : 100

MasterPriority : 100

Preempt : YES   Delay Time : 30 s

TimerRun : 100 cs

TimerConfig : 100 cs

Virtual MAC : 0000-5e00-0201

Check hop limit : YES

Config type : normal-vrrp

Create time : 2020-05-26 23:04:09 UTC-08:00

Last change time : 2020-05-26 23:26:28 UTC-08:00

上述 display vrrp6 命令结果的第 2 行（即 State : Master）表明，RA 的状态为 Master，说明配置 VRRP6 成功。同样的，在 RB 上执行命令 display vrrp6 命令，查看其 VRRP6 配置情况，如下：

[RB]display vrrp6

GigabitEthernet0/0/1 | Virtual Router 1

State : Backup

Virtual IP : FE80::1

FC00::1

Master IP : FE80::2E0:FCFF:FE1C:6D45

PriorityRun : 50

PriorityConfig : 50

MasterPriority : 100

Preempt : YES   Delay Time : 0 s

TimerRun : 100 cs

TimerConfig : 100 cs

Virtual MAC : 0000-5c00-0201

Check hop limit : YES

Config type : normal-vrrp

Create time : 2020-05-26 22:54:30 UTC-08:00

Last change time : 2020-05-26 23:26:28 UTC-08:00

上述 display vrrp6 命令结果的第二行（即 State : Backup）表明，RB 的状态为 Backup，说明配置 VRRP6 成功。

需要说明的是，VRRP6 根据优先级决定设备在 VRRP6 组中的地位（用命令 vrrp6 vrid 1 priority 设置优先级），优先级较高者，则成为 Master 设备。优先级的范围为 1 ~ 254。在优先级相同时，设备同时竞争 Master，则所在接口的主 IP 地址较大的成为 Master 设备。

测试 PC1 与 PC2 的连通性，结果如图 5-10 所示。从该结果可以看出，两主机是相互连通的。

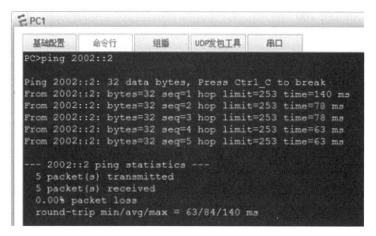

图 5-10　PC1 与 PC2 的连通性测试

第 6 章　其他高级技术和信息化技战法

6.1　Mux VLAN 技术

Mux VLAN（Multiplex VLAN），即复合 VLAN 技术，提供了利用 VLAN 进行的在二层协议上的流量隔离。Mux VLAN 分为主 VLAN 和从 VLAN，从 VLAN 又分为隔离型从 VLAN 和互通型从 VLAN，具体分类如表 6-1 所示。

表 6-1　Mux VLAN 分类

Mux VLAN	VLAN 类型	所属接口
Principal VLAN（主 VLAN）	—	Principal port（主接口）
Subordinate VLAN（从 VLAN）	Separate VLAN（隔离型从 VLAN）	Separate port（隔离接口）
	Group VLAN（互通型从 VLAN）	Group port（互通接口）

注意，三种类型接口间的通信关系如图 6-1 所示。

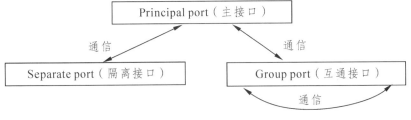

图 6-1　三种类型接口间的通信关系

（1）每个隔离型从 VLAN、互通型从 VLAN 都必须绑定一个主 VLAN。

（2）主接口可以和 Mux VLAN 的所有类型接口互相通信。

（3）隔离接口只能和主接口进行通信，即使是自己 VLAN 中的成员也不可通信。

（4）互通接口可以和主接口及本互通型内的接口相互通信，不能和其他互通型接口、隔离接口通信。

在配置 Mux VLAN 时，所有主机必须处于同一子网，端口须以 access 模式加入 VLAN。隔离型从 VLAN 只能有一个。互通型从 VLAN 可以有多个，但不同互通型从 VLAN 之间不能互相通信。通过 Mux VLAN 技术，可以使处于同一网段的不同 VLAN 间的主机相互通信

（例如所有从 VLAN 可以与主 VLAN 相互通信），也可实现不同从 VLAN 之间的通信隔离，以及同一交换机上同一VLAN内部主机之间的隔离和不同交换机上同一VLAN中的主机相互通信。

例如，企业员工和客户都可以访问企业服务器，但希望员工的计算机之间可以互相通信，而企业客户计算机是隔离的，不能相互通信。为了实现员工和客户都可访问企业服务器，可配置 VLAN 间相互通信来实现。但如果企业的用户量很大，在网络配置时，要为不能互相访问的用户划分 VLAN，这会而增加网络管理和后续维护的工作量，因此，利用 Mux VLAN 技术，可以容易解决该问题。

6.1.1　网络拓扑结构

Mux VLAN 配置拓扑结构如图 6-2 所示。

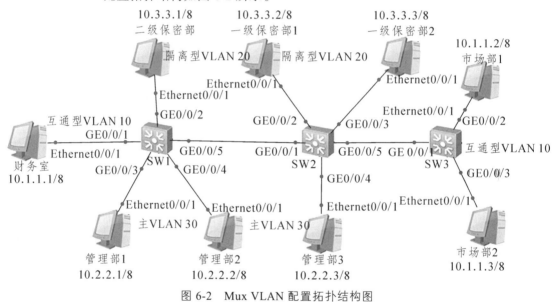

图 6-2　Mux VLAN 配置拓扑结构图

6.1.2　具体要求

（1）管理部的 3 台计算机（管理部 1、管理部 2 和管理部 3）能和各部门的所有计算机相互通信。

（2）一级保密部的 2 台计算机（一级保密部 1、一级保密部 2）可以与二级保密部、管理部（管理部 1、管理部 2 和管理部 3）的计算机互通，但一级保密部计算机之间不能互通，且不能与财务室和市场部计算机互通。

（3）财务室和市场部（市场部 1、市场部 2）的计算机之间能互通，但不能和一级、二级保密部的 3 台计算机互通。

（4）交换机各接口的 VLAN 划分如表 6-2 所示，主机 IP 地址和掩码设置如图 6-2 所示。

表 6-2　交换机各接口的 VLAN 划分

设备名称	接口	所属 VLAN	备注
SW1	GE0/0/1	互通型 VLAN 10	
SW1	GE0/0/2	隔离型 VLAN 20	
SW1	GE0/0/3、GE0/0/4	主 VLAN 30	
SW1	GE0/0/5		Trunk
SW2	GE0/0/1、GE0/0/5		Trunk
SW2	GE0/0/2、GE0/0/3	隔离型 VLAN 20	
SW2	GE0/0/4	主 VLAN 30	
SW3	GE0/0/1		Trunk
SW3	GE0/0/2、GE0/0/3	互通型 VLAN 10	

6.1.3　Mux VLAN 技术实现

第 1 步：配置交换机 SW1。

<Huawei>**undo　terminal　monitor**

<Huawei>**system-view**

[Huawei]**sysname**　SW1

[SW1]**vlan　batch**　10　20　30

[SW1]**vlan**　30

[SW1-vlan30]**mux-vlan**　　　（创建复合 VLAN）

[SW1-vlan30]**subordinate　group**　10　（设置互通型 VLAN 为 10）

[SW1-vlan30]**subordinate　separate**　20　（设置隔离型 VLAN 为 20）

[SW1-vlan30]**quit**

[SW1]**interface**　g0/0/1

[SW1-GigabitEthernet0/0/1]**port　link-type　access**

[SW1-GigabitEthernet0/0/1]**port　default　vlan** 10

[SW1-GigabitEthernet0/0/1]**quit**

[SW1]**interface**　g0/0/2

[SW1-GigabitEthernet0/0/2]**port　link-type　access**

[SW1-GigabitEthernet0/0/2]**port　default　vlan**　20

[SW1-GigabitEthernet0/0/2]**quit**

[SW1]**port-group**　1

[SW1-port-group-1]**group-member**　g0/0/3　to　g0/0/4

[SW1-port-group-1]**port　link-type　access**

[SW1-port-group-1]**port　default　vlan**　30

[SW1-port-group-1]**quit**

[SW1]**interface** g0/0/5

[SW1-GigabitEthernet0/0/5]**port link-type trunk**

[SW1-GigabitEthernet0/0/5]**port trunk allow-pass vlan** 10 20 30

[SW1-GigabitEthernet0/0/5]**quit**

[SW1]**port-group group-member** g0/0/1 to g0/0/4

[SW1-port-group]**port mux-vlan enable** （启用复合 VLAN）

[SW1-port-group]**quit**

第 2 步：配置交换机 SW2。

<Huawei>**undo terminal monitor**

<Huawei>**system-view**

[Huawei]**sysname** SW2

[SW2]**vlan batch** 10 20 30

[SW2]**port-group** 1

[SW2-port-group-1]**group-member** g0/0/2 to g0/0/3

[SW2-port-group-1]**port link-type access**

[SW2-port-group-1]**port default vlan** 20

[SW2-port-group-1]**quit**

[SW2]**interface** g0/0/4

[SW2-GigabitEthernet0/0/4]**port link-type access**

[SW2-GigabitEthernet0/0/4]**port default vlan** 30

[SW2-GigabitEthernet0/0/4]**quit**

[SW2]**interface** g0/0/1

[SW2-GigabitEthernet0/0/1]**port link-type trunk**

[SW2-GigabitEthernet0/0/1]**port trunk allow-pass vlan** 10 20 30

[SW2-GigabitEthernet0/0/1]**quit**

[SW2]**interface** g0/0/5

[SW2-GigabitEthernet0/0/5]**port link-type trunk**

[SW2-GigabitEthernet0/0/5]**port trunk allow-pass vlan** 10 20 30

[SW2-GigabitEthernet0/0/5]**quit**

[SW2]**vlan** 30

[SW2-vlan30]**mux-vlan** （创建复合 VLAN）

[SW2-vlan30]**subordinate group** 10 （设置互通型 VLAN 为 10）

[SW2-vlan30]**subordinate separate** 20 （设置隔离型 VLAN 为 20）

[SW2-vlan30]**quit**

[SW2]port-group **group-member** g0/0/2 to g0/0/4

[SW2-port-group]**port mux-vlan enable** （启用复合 VLAN）

[SW2-port-group]**quit**

第 3 步：配置交换机 SW3。

<Huawei>**system-view**

[Huawei]**sysname** SW3

[SW3]**vlan batch** 10 20 30

[SW3]**vlan** 30

[SW3-vlan30]**mux-vlan**

[SW3-vlan30]**subordinate group** 10

[SW3-vlan30]**subordinate separate** 20

[SW3-vlan30]**quit**

[SW3]**interface** g0/0/1

[SW3-GigabitEthernet0/0/1]**port link-type trunk**

[SW3-GigabitEthernet0/0/1]**port trunk allow-pass vlan** 10 20 30

[SW3-GigabitEthernet0/0/1]**quit**

[SW3]**port-group** 1

[SW3-port-group-1]**group-member** g0/0/2 to g0/0/3

[SW3-port-group-1]**port link-type access**

[SW3-port-group-1]**port default vlan** 10

[SW3-port-group-1]**port mux-vlan enable**

[SW3-port-group-1]**quit**

第 4 步：分别查看 SW1、SW2、SW3 的 Mux VLAN 配置情况，结果如下：

[SW1]**display mux-vlan**

Principal	Subordinate	Type	Interface
30	-	principal	GigabitEthernet0/0/3 GigabitEthernet0/0/4
30	20	separate	GigabitEthernet0/0/2
30	10	group	GigabitEthernet0/0/1

上述结果显示，交换机 SW1 中 VLAN30 为主 VLAN（principal），包含端口 GE0/0/3 和 GE0/0/4，互通型 VLAN 为 10（包含端口 GE0/0/1），隔离型 VLAN 为 20（包含端口 GE0/0/2）。

[SW2]**display mux-vlan**

Principal	Subordinate	Type	Interface
30	-	principal	GigabitEthernet0/0/4
30	20	separate	GigabitEthernet0/0/2 GigabitEthernet0/0/3

30	10	group

上述结果显示，交换机 SW2 中 VLAN30 为主 VLAN（principal），包含端口 GE0/0/4，隔离型 VLAN 为 20（包含端口 GE0/0/2 和 GE0/0/3），互通型 VLAN 为 10。

[SW3]**display mux-vlan**

Principal	Subordinate	Type	Interface
30	-	principal	
30	20	separate	
30	10	group	GigabitEthernet0/0/2 GigabitEthernet0/0/3

上述结果显示，交换机 SW3 中 VLAN30 为主 VLAN（principal），隔离型 VLAN 为 20，互通型 VLAN 为 10（包含端口 GE0/0/2 和 GE0/0/3）。

第 5 步：测试财务室（10.1.1.1）与市场部计算机（市场部 1、市场部 2）的连通性，结果如图 6-3 所示。从结果看出，财务室与市场部计算机是连通的，其原因在于财务室与市场部的计算机被接入互通型从 VLAN 接口。

图 6-3　财务室与市场部计算机（市场部 1、市场部 2）的连通性

第 6 步：测试一级保密部的 2 台计算机（一级保密部 1、一级保密部 2）的连通性，结果如图 6-4 所示。从测试结果可以看出，由于一级保密部计算机接入隔离型 VLAN 接口，因此相互之间不能通信。

```
PC>ping 10.3.3.3

Ping 10.3.3.3: 32 data bytes, Press Ctrl_C to break
From 10.3.3.2: Destination host unreachable
From 10.3.3.2: Destination host unreachable
From 10.3.3.2: Destination host unreachable
From 10.3.3.2: Destination host unreachable
From 10.3.3.2: Destination host unreachable

--- 10.3.3.3 ping statistics ---
  5 packet(s) transmitted
  0 packet(s) received
  100.00% packet loss
```

图 6-4　一级保密部 2 台计算机的连通性

值得注意的是，当我们测试一级保密部和二级保密部的计算机连通性时（例如一级保密部 1 和二级保密部），发现它们之间是连通的，这是由于华为的 eNSP 模拟器不支持跨设备的隔离型 VLAN 配置，所以本例中跨交换机的同一个隔离型 VLAN 内的主机是连通的，但同一台交换机上的隔离型 VLAN 内的主机是相互隔离的。

第 7 步：测试主 VLAN 内的主机（如管理部 1：10.2.2.1）和其他从 VLAN 间的连通性（如一级保密部 1），结果如图 6-5 所示。从结果可看出，主 VLAN 与所有从 VLAN 中的主机都是相互连通的。

```
PC>ping 10.3.3.2

Ping 10.3.3.2: 32 data bytes, Press Ctrl_C to break
From 10.3.3.2: bytes=32 seq=1 ttl=128 time=78 ms
From 10.3.3.2: bytes=32 seq=2 ttl=128 time=63 ms
From 10.3.3.2: bytes=32 seq=3 ttl=128 time=94 ms
From 10.3.3.2: bytes=32 seq=4 ttl=128 time=31 ms
From 10.3.3.2: bytes=32 seq=5 ttl=128 time=62 ms

--- 10.3.3.2 ping statistics ---
  5 packet(s) transmitted
  5 packet(s) received
  0.00% packet loss
  round-trip min/avg/max = 31/65/94 ms

PC>ping 10.1.1.2

Ping 10.1.1.2: 32 data bytes, Press Ctrl_C to break
From 10.1.1.2: bytes=32 seq=1 ttl=128 time=94 ms
From 10.1.1.2: bytes=32 seq=2 ttl=128 time=78 ms
From 10.1.1.2: bytes=32 seq=3 ttl=128 time=78 ms
From 10.1.1.2: bytes=32 seq=4 ttl=128 time=63 ms
From 10.1.1.2: bytes=32 seq=5 ttl=128 time=78 ms

--- 10.1.1.2 ping statistics ---
  5 packet(s) transmitted
  5 packet(s) received
  0.00% packet loss
  round-trip min/avg/max = 63/78/94 ms
```

图 6-5　主 VLAN 和其他从 VLAN 间的连通性

MPLS（Multiprotocol Label Switching）是指多协议标记交换，而 LDP（Label Distribution Protocol）是指标签分发协议。在三层交换机上实现 MPLS，充分利用了第二层交换高带宽、低延时的优点，把网络层数据包快速转发出去。三层交换机工作原理简单地概括为：一次路由，多次交换。交换是用硬件实现的，速度快；路由是由软件实现，速度慢。因此，三层交换机不但具有路由功能，而且比通常的路由器转发得更快。

在 MPLS 网络中，MPLS 报文经过的路径成为 LSP（Label Switched Path）。静态 LSP 需要人工指定标签交换路径；动态 LSP 需要利用诸如 LDP 进行动态分发标签。

在 MPLS 网络中，位于网络边缘的路由设备称为标记边缘路由器 LER（Label Edge Router），网络内部的路由设备称为标记交换路由器 LSR（Label Switch Router）。LSR 根据标记来交换第三层的分组（packet），不经过第三层路由转发，从而加快了网络的传输速度。

6.2.1　网络拓扑结构

MPLS 配置实验拓扑结构如图 6-6 所示。

3 台华为 5700 交换机（三层交换机）底层运行内部网关协议 OSPF，环回口启用 OSPF 并作为 OSPF 的 router-id 和 MPLS 的 lsr-id（将环回口置于 OSPF 的 silent-interface），与 SW1-SW2、SW2-SW3 相连的接口启用 MPLS LDP，建立本地 LDP 会话。

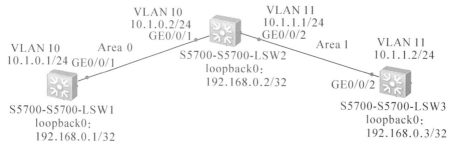

图 6-6　MPLS 拓扑结构

6.2.2　具体要求

（1）更改交换机的名字，创建 VLAN，并将对应接口加入 VLAN 中；设置 VLAN 接口和环回接口的 IP 地址，如图 6-6 所示。

（2）设置 OSPF 动态路由，SW1 和 SW2 连接接口工作在主干区域（区域 0），SW2 和 SW3 连接接口工作在区域 1，使得所有交换机之间都能通信。

（3）在三层交换机系统视图模式中启用 MPLS 协议，并设置所有静态路由和内部网关协议 IGP 触发建立 LSP 和启用 LDP 协议。使得 SW1 与 SW3 之间通过 MPLS 的 LSP 路径进行报文的交换。

（4）在虚拟接口中启用 MPLS 和 LDP。

（5）验证配置，用 **ping lsp ip** 命令测试 LSP 连通性。

（6）查看 SW2 的 LDP 会话，查看 SW2 的 LSP。

（7）在 SW1 上跟踪 MPLS 报文所经过的路径和在 SW3 上跟踪 MPLS 报文所经过的路径，对结果进行说明。

（8）验证结果正确后，保存配置信息。

6.2.3　MPLS 和 LDP 应用技术实践

第 1 步：在三层交换机 SW1 中配置 VLAN；启用 MPLS，配置标记交换路由器 LSR 的 ID 和使用 MPLS LDP 命令全局启用标签分发协议 LDP；配置环回接口 IP 地址；配置 OSPF 路由。

<Huawei>**system-view**

[Huawei]**sysname　SW1**

[SW1]**vlan　10**

[SW1]**mpls　lsr-id　192.168.0.1**　　（配置 MPLS 网络中标记交换路由器 LSR 的 ID）

配置 MPLS 网络中标记交换路由器 LSR 的 ID 是启用 MPLS 的前提条件，也是标签分发协议 LDP 建立会话的传输地址。

[SW1]**mpls**　　　　　　　　　　（启用 MPLS）

Info: Mpls starting, please wait... OK!

[SW1-mpls]**lsp-trigger　all**　　　（所有静态路由和 IGP 路由项触发建立 LSP）

[SW1-mpls]**mpls　ldp**　　　　（全局启用标签分发协议 LDP）

[SW1-mpls-ldp]**interface　Vlanif　10**

[SW1-Vlanif10]**ip address 10.1.0.1 255.255.255.0**　（设置虚拟接口 IP 地址）

[SW1-Vlanif10]**ospf　network-type　?**

　broadcast　　Specify OSPF broadcast network

　nbma　　　　Specify OSPF NBMA network

　p2mp　　　　Spccify OSPF point-to-multipoint network

　p2p　　　　　Specify OSPF point-to-point network

[SW1-Vlanif10]**ospf　network-type p2p**　　（修改 OSPF 网络类型为点到点）

[SW1-Vlanif10]**mpls**

[SW1-Vlanif10]**mpls ldp**　　　　　（在虚拟接口启用标签分发协议 LDP）

[SW1-Vlanif10]**interface　g0/0/1**

[SW1-GigabitEthernet0/0/1]**port　link-type　access**

[SW1-GigabitEthernet0/0/1]**port　default　vlan　10**

[SW1-GigabitEthernet0/0/1]**interface LoopBack0**　　　（环回口不能转发 MPLS 报文）

[SW1-LoopBack0]**ip address 192.168.0.1 255.255.255.255** （设置环回口的 IP 地址）

[SW1-LoopBack0]**ospf 1 router-id 192.168.0.1** （把环回接口的 IP 地址作为 router-id，并启用 OSPF 协议进程号为 1）

[SW1-ospf-1]**silent-interface LoopBack0**

[SW1-ospf-1]**area 0**

[SW1-ospf-1-area-0.0.0.0]**network 10.1.0.0 0.0.0.255**

[SW1-ospf-1-area-0.0.0.0]**network 192.168.0.1 0.0.0.0**

[SW1-ospf-1-area-0.0.0.0]**return**

<SW1>**save**

第 2 步：在三层交换机 SW2 中配置 VLAN；启用 MPLS，配置标记交换路由器 LSR 的 ID 和使用 MPLS LDP 命令全局启用标签分发协议 LDP；配置环回接口 IP 地址；配置 OSPF 路由。

<Huawei>**system-view**

[Huawei]**sysname SW2**

[SW2]**vlan batch 10 to 11**

[SW2]**interface g0/0/1**

[SW2-GigabitEthernet0/0/1]**port link-type access**

[SW2-GigabitEthernet0/0/1]**port default vlan 10**

[SW2-GigabitEthernet0/0/1]**interface g0/0/2**

[SW2-GigabitEthernet0/0/2]**port link-type access**

[SW2-GigabitEthernet0/0/2]**port default vlan 11**

[SW2-GigabitEthernet0/0/2]**quit**

[SW2]**mpls lsr-id 192.168.0.2** （配置MPLS网络中标记交换路由器LSR的ID）

[SW2]**mpls** （启用MPLS）

Info: Mpls starting, please wait... OK!

[SW2-mpls]**lsp-trigger all** （所有静态路由和IGP路由项触发建立LSP）

[SW2-mpls]**mpls ldp** （全局启用标签分发协议LDP）

[SW2-mpls-ldp]**quit**

[SW2]**interface vlan 10**

[SW2-Vlanif10]**ip address 10.1.0.2 24**

[SW2-Vlanif10]**ospf network-type p2p**

[SW2-Vlanif10]**mpls**

[SW2-Vlanif10]**mpls ldp**

[SW2-Vlanif10]**quit**

[SW2]**interface vlan 11**

[SW2-Vlanif11]**ip address 10.1.1.1 24**

[SW2-Vlanif11]**ospf network-type p2p**

[SW2-Vlanif11]**mpls**

[SW2-Vlanif11]**mpls ldp**

[SW2-Vlanif11]**quit**

[SW2]**interface loopback0**

[SW2-LoopBack0]**ip address 192.168.0.2 32**

[SW2-LoopBack0]**ospf 1 router-id 192.168.0.2**

[SW2-ospf-1]**silent-interface loopback0**

[SW2-ospf-1]**area 0**

[SW2-ospf-1-area-0.0.0.0]**network 10.1.0.0 0.0.0.255**

[SW2-ospf-1-area-0.0.0.0]**network 192.168.0.2 0.0.0.0**

[SW2-ospf-1-area-0.0.0.0]**quit**

[SW2-ospf-1]**area 1**

[SW2-ospf-1-area-0.0.0.1]**network 10.1.1.0 0.0.0.255**

[SW2-ospf-1-area-0.0.0.1]**return**

<SW2>**save**

第 3 步：在三层交换机 SW3 中配置 VLAN；启用 MPLS，配置标记交换路由器 LSR 的 ID 和使用 MPLS LDP 命令全局启用标签分发协议 LDP；配置环回接口 IP 地址；配置 OSPF 路由。

<Huawei>**system-view**

[Huawei]**sysname SW3**

[SW3]**vlan 11**

[SW3]**interface g0/0/2**

[SW3-GigabitEthernet0/0/2]**port link-type access**

[SW3-GigabitEthernet0/0/2]**port default vlan 11**

[SW3-GigabitEthernet0/0/2]**quit**

[SW3]**interface vlan 11**

[SW3-Vlanif11]**ip address 10.1.1.2 24**

[SW3-Vlanif11]**ospf network-type p2p**

[SW3-Vlanif11]**mpls**

[SW3-Vlanif11]**mpls ldp**

[SW3-Vlanif11]**quit**

[SW3]**mpls lsr-id 192.168.0.3**　　（配置MPLS网络中标记交换路由器LSR的ID）

[SW3]**mpls**　　　　　　　　　　（启用MPLS）

Info: Mpls starting, please wait... OK!

[SW3-mpls]**lsp-trigger all**　　（所有静态路由和IGP路由项触发建立LSP）

[SW3-mpls]**mpls ldp**　　　　　（全局启用标签分发协议LDP）

[SW3-mpls-ldp]**quit**

[SW3]**interface loopback0**

[SW3-LoopBack0]**ip address 192.168.0.3 32**

[SW3-LoopBack0]**ospf 1 router-id 192.168.0.3**

[SW3-ospf-1]**silent-interface loopback0**

[SW3-ospf-1]**area 1**

[SW3-ospf-1-area-0.0.0.1]**network 10.1.1.0 0.0.0.255**

[SW3-ospf-1-area-0.0.0.1]**network 192.168.0.3 0.0.0.0**

[SW3-ospf-1-area-0.0.0.1]**return**

\<SW3>**save**

第 4 步：测试 LSP 连通性。

在 SW1 中用 ping 命令测试从 192.168.0.1 到 192.168.0.3 的 LSP 连通性。

\<SW1>**ping lsp -a 192.168.0.1 ip 192.168.0.3 32**

  LSP PING FEC: IPV4 PREFIX 192.168.0.3/32/ : 100   data bytes, press CTRL_C to break

    Reply from 192.168.0.3: bytes=100 Sequence=1 time=60 ms

    Reply from 192.168.0.3: bytes=100 Sequence=2 time=80 ms

    Reply from 192.168.0.3: bytes=100 Sequence=3 time=60 ms

    Reply from 192.168.0.3: bytes=100 Sequence=4 time=70 ms

    Reply from 192.168.0.3: bytes=100 Sequence=5 time=110 ms

  --- FEC: IPV4 PREFIX 192.168.0.3/32 ping statistics ---

    5 packet(s) transmitted

    5 packet(s) received

    0.00% packet loss

    round-trip min/avg/max = 60/76/110 ms

在 SW3 中用 ping 命令测试从 192.168.0.3 到 192.168.0.1 的 LSP 连通性。

\<SW3>**ping lsp -a 192.168.0.3 ip 192.168.0.1 32**

  LSP PING FEC: IPV4 PREFIX 192.168.0.1/32/ : 100   data bytes, press CTRL_C to break

    Reply from 192.168.0.1: bytes=100 Sequence=1 time=170 ms

    Reply from 192.168.0.1: bytes=100 Sequence=2 time=70 ms

    Reply from 192.168.0.1: bytes=100 Sequence=3 time=70 ms

    Reply from 192.168.0.1: bytes=100 Sequence=4 time=80 ms

    Reply from 192.168.0.1: bytes=100 Sequence=5 time=40 ms

  --- FEC: IPV4 PREFIX 192.168.0.1/32 ping statistics ---

    5 packet(s) transmitted

    5 packet(s) received

    0.00% packet loss

round-trip min/avg/max = 40/86/170 ms

可以看出，SW1 和 SW3 之间可以通过 MPLS 的 LSP 进行报文转发。

第 5 步：查看三层交换机的 LDP 会话。

查看 SW1 的 LDP 会话：

<SW1>**display mpls ldp session**

  LDP Session(s) in Public Network

  Codes: LAM(Label Advertisement Mode), SsnAge Unit(DDDD:HH:MM)

  A '*' before a session means the session is being deleted.

  PeerID   Status   LAM SsnRole SsnAge   KASent/Rcv

  192.168.0.2:0   Operational DU   Passive 0000:00:14 60/60

  TOTAL: 1 session(s) Found.

从上述结果可以看出，由于配置顺序从左到右（即 SW1→SW2→SW3），先发起的一方为 Active，另一方为 Passive，所以在 SW1 看来，其邻居 SW2（192.168.0.2）为后发起 LDP 会话方，故这里的会话角色是 Passive。SW1 和 SW2 之间的会话状态为 Operational，表示已成功建立 SW1 与 SW2 之间的会话。

查看 SW2 的 LDP 会话：

<SW2>**display mpls ldp session**

  LDP Session(s) in Public Network

  Codes: LAM(Label Advertisement Mode), SsnAge Unit(DDDD:HH:MM)

  A '*' before a session means the session is being deleted.

  PeerID   Status   LAM SsnRole SsnAge   KASent/Rcv

  192.168.0.1:0   Operational DU   Active   0000:00:16 68/68

  192.168.0.3:0   Operational DU   Passive 0000:00:06 25/25

  TOTAL: 2 session(s) Found.

由于配置顺序从左到右的原因，先发起的一方为 active，另一方为 passive，所以在 SW2 看来，192.168.0.1 为先发起 LDP 会话的一方。可以看到，SW1 和 SW2、SW2 和 SW3 之间的会话状态为 Operational，表示已成功建立会话。

查看 SW3 的 LDP 会话：

<SW3>**display mpls ldp session**

  LDP Session(s) in Public Network

  Codes: LAM(Label Advertisement Mode), SsnAge Unit(DDDD:HH:MM)

  A '*' before a session means the session is being deleted.

```
--------------------------------------------------------------------------
  PeerID              Status         LAM   SsnRole   SsnAge       KASent/Rcv
--------------------------------------------------------------------------
  192.168.0.2:0       Operational DU    Active    0000:00:14   58/58
--------------------------------------------------------------------------
```

TOTAL: 1 session(s) Found.

第 6 步：查看三层交换机的标签交换路径 LSP。

查看 SW1 的标签交换路径 LSP：

<SW1>display   mpls   lsp

```
--------------------------------------------------------------------------
                        LSP Information: LDP LSP
--------------------------------------------------------------------------
FEC                   In/Out Label   In/Out IF                 Vrf Name
192.168.0.2/32        NULL/3          -/Vlanif10
192.168.0.2/32        1024/3          -/Vlanif10
192.168.0.1/32        3/NULL          -/-
10.1.0.0/24           3/NULL          -/-
10.1.1.0/24           NULL/3          -/Vlanif10
10.1.1.0/24           1025/3          -/Vlanif10
192.168.0.3/32        NULL/1025       -/Vlanif10
192.168.0.3/32        1026/1025       -/Vlanif10
<SW1>
```

查看 SW2 的标签交换路径 LSP：

<SW2>display   mpls   lsp

```
--------------------------------------------------------------------------
                        LSP Information: LDP LSP
--------------------------------------------------------------------------
FEC                   In/Out Label   In/Out IF                 Vrf Name
192.168.0.2/32        3/NULL          -/-
10.1.0.0/24           3/NULL          -/-
10.1.1.0/24           3/NULL          -/-
192.168.0.1/32        NULL/3          -/Vlanif10
192.168.0.1/32        1024/3          -/Vlanif10
192.168.0.3/32        NULL/3          -/Vlanif11
192.168.0.3/32        1025/3          -/Vlanif11
<SW2>
```

查看 SW3 的标签交换路径 LSP：

<SW3>display   mpls   lsp

```
-------------------------------------------------------------------------------
                         LSP Information: LDP LSP

-------------------------------------------------------------------------------
FEC                     In/Out Label    In/Out IF                    Vrf Name
10.1.0.0/24             NULL/3          -/Vlanif11
10.1.0.0/24             1024/3          -/Vlanif11
192.168.0.1/32          NULL/1024       -/Vlanif11
192.168.0.1/32          1025/1024       -/Vlanif11
192.168.0.2/32          NULL/3          -/Vlanif11
192.168.0.2/32          1026/3          -/Vlanif11
192.168.0.3/32          3/NULL          -/-
10.1.1.0/24             3/NULL          -/-
```

<SW3>

结果中的 FEC 是指转发等价类（Forwarding Equivalent Class），LER 根据目标地址和端口号把分组指派到一个等价类中，在 LSR 中只需要根据等价类标记查找标记信息库 LIB（Label Information Base），确定下一跳的转发地址。从上述结果可以看出，标签分发协议（LDP）为 SW1 去向 SW3 以及 SW3 去向 SW1 都动态建立了标签交换路径（LSP），即 SW1 去向 SW3 方向的标签顺序为 **NULL/1025、1025/3、3/NULL**，从 SW3 去往 SW1 方向的标签顺序为 **NULL/1024、1024/3、3/NULL**。

第 7 步：在 SW1 上使用 tracert lsp ip 命令验证去往 192.168.0.3/32 的 MPLS 报文所经过的路径。

<SW1>**tracert lsp ip 192.168.0.3 32**

LSP Trace Route FEC: IPV4 PREFIX 192.168.0.3/32 , press CTRL_C to break.

TTL	Replier	Time	Type	Downstream
0			Ingress	10.1.0.2/[1025]
1	10.1.0.2	80 ms	Transit	10.1.1.2/[3]
2	192.168.0.3	40 ms	Egress	

从 SW1 交换机跟踪结果可以看出，报文在 SW1 上出发时被赋予了标签 1025，经过 SW2 时标签被替换为 3。

在 SW3 上使用 tracert lsp ip 命令验证去往 192.168.0.1/32 的 MPLS 报文所经过的路径。

<SW3>**tracert lsp ip 192.168.0.1 32**

LSP Trace Route FEC: IPV4 PREFIX 192.168.0.1/32 , press CTRL_C to break.

TTL	Replier	Time	Type	Downstream
0			Ingress	10.1.1.1/[1024]
1	10.1.1.1	30 ms	Transit	10.1.0.1/[3]
2	192.168.0.1	30 ms	Egress	

从 SW3 交换机跟踪结果可以看出，报文在 SW3 上出发时被赋予了标签 1024，经过 SW2 时标签被替换为 3。

综上所述，从 SW1 到 SW3 的标签路径结果和从 SW3 到 SW1 的标签路径结果可以看出，**LSP 具有单向性**。

第 8 步：配置和结果都正确后，保存退出。

6.3 互联网大数据下的信息化技战法

随着"互联网+"应用的不断深入发展，人们在网上享受各种服务时，往往会在网上留下注册信息、交易信息和公示信息等。因此，执法人员可以通过公开的信息资源平台，运用相关信息网络技术，来获取和分析嫌疑人或执法对象的相关信息，进而开展执法办案工作。

6.3.1 根据手机号查询持机人关联信息技战法

通过手机号查询持机人关联信息是执法工作中常见的工作情景。我们可以通过互联网搜索引擎、各类社交平台注册匹配、相关 APP 和各类公开的网络资源等方式获取持机人有关信息，包括姓名、所在单位、注册过的网站，甚至所在单位的法人代表、单位地址、企业统一社会信用代码等，具体实现路径如图 6-7 所示。

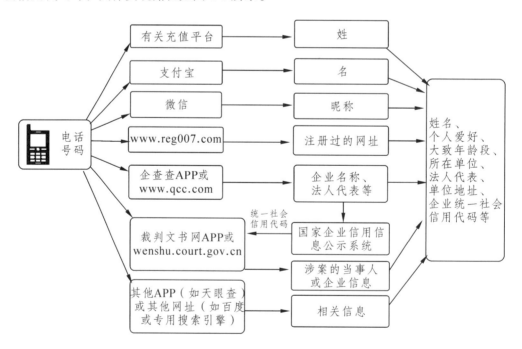

图 6-7　根据手机号获取持机人关联信息实现路径图

6.3.2 图片综合分析技战法

一张图片可能包含电话号码、特殊标志、人像、GPS（全球定位系统）位置、物体比例等信息，执法人员可以通过技术提取这些信息来服务执法工作。图片综合分析技战法是执法人员通过访问嫌疑人、关系人的网络空间或恢复数据等途径获取到相关资料，再运用图像、地理、数学、信息技术等方法对图片内的信息进行综合分析研判，从而得到相关信息线索的实现方法。

如图 6-8 所示，从该放大的图片得到了一个电话号码 075-256-6161，通过搜索引擎检索到地址：日本京都市中京区蛸药师通高仓西入泉正寺町 334 号。

图 6-8　根据图片中的电话号码查询地址范围

专门为数码相机的照片设定的可交换图像文件格式 EXIF (Exchangeable Image File Format)，记录了数码照片的属性信息和拍摄数据，包括拍摄时间、拍摄设备（品牌、镜头、闪光灯等）、拍摄参数（快门速度、ISO 速度等）、色彩空间、GPS 位置等信息。软件 EXIF 信息查看器支持 JPEG、TIFF、CR2、NEF、XMP 等多种图片格式，比如分享朋友圈中的照片，通常是 JPG、JPEG 等格式，所以通过 EXIF 信息查看器就能提取数码照片中的详细信息。

照片中有 GPS 位置信息的前提是在手机相机中开启了位置信息。不同品牌的手机，其设置菜单稍有不同，但方法几乎一样，基本上都是在手机拍摄界面设置。

图 6-9　英雄墙

利用图虫 EXIF 查看器(https://exif.tuchong.com)，在线上传如图 6-9 所示的图片，即可获取该图 EXIF 信息，结果如图 6-10、图 6-11 所示。

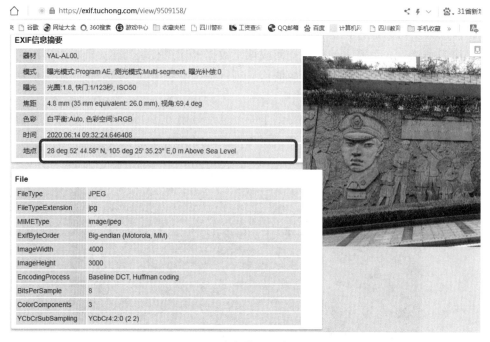

图 6-10　从 EXIF 信息获取英雄墙所在的地点

GPS

GPS版本ID	2.2.0.0
GPSLatitudeRef	North
GPSLatitude	28 deg 52' 44.58"
GPSLongitudeRef	East
GPSLongitude	105 deg 25' 35.23"
GPSAltitudeRef	Below Sea Level
GPSAltitude	0 m
GPS时间戳	01:32:22
GPS处理方法	GPS
GPSDateStamp	2020:06:14

图 6-11　从照片的 GPS 页中获取英雄墙所在的经度和纬度

从图 6-10、图 6-11 看出，拍摄该照片位置大致是：

GPSLatitude（纬度）：28 deg 52' 44.58"；

GPSLongitude（经度）：105 deg 25' 35.23"。

需要把上述纬度（Latitude）数据转换成统一用度数表示：①44.58/60=0.743；②52.743/60=0.879 050；③得出纬度是 28.879 050°。同理，转换后的经度值是 105.426 453°。

最后把转换后的数据输入到经纬度坐标查询网站或 APP（如 Cellmap）中，得到如图 6-12 所示的结果。

图 6-12　根据计算后的经度和纬度查询具体地点

从图中可以看出，该照片的拍摄地点是四川警察学院图书馆附近。

6.4　电子标签安全威胁及其保护简介

目前，物联网（Internet of Things）已经在全球的各行各业得到广泛应用，射频识别（Radio Frequency Identification，RFID）技术作为物联网的核心技术之一，具有诸多优点，例如，对 RFID 电子标签（Tag，以下简称标签）的非接触性和可穿透性识别、批量和快速识别，标签抗污染、可重复使用，标签的体积小、外观多样、使用寿命长等。

但在 RFID 技术的应用过程中，也暴露出一些安全问题，典型的如标签内的信息泄露及其持有者的隐私泄露问题。这些安全问题的主要原因在于大规模应用标签时要降低其商业成本，因而标签的计算能力和存储能力较为有限，不能运行比较复杂的安全算法或认证协议。另外，标签与阅读器之间采用开放式的无线通信方式，任何恶意攻击者均可以接收到两者之间的通信消息，也是导致上述安全问题的重要原因。

在 RFID 应用中，当物品连同其附着的标签被用户随身携带时，恶意追踪者可以悄然发起对标签的识别或认证，从而获取标签及标签内存储的数据（如物品信息、加密方式等），并跟踪标签及其携带用户的运动轨迹，相当于对物品定位及轨迹追踪。攻击者通过多次恶意获取标签信息，从而掌握用户的购物喜好、生活轨迹等。

考虑一种极端危险的情况：如果暴恐袭击者已掌握其攻击目标所携带的标签/电子卡证的相关信息，并掌握其日常生活轨迹，攻击者就可以在其特定的行进路线或出入口，如收费站、门禁出入口等，秘密安装爆炸装置，一旦其选择的攻击目标携带标签/电子卡证出现在相应位置，则爆炸装置被自动引爆，从而给社会带来重大的安全隐患。

6.4.1　对电子标签的常见攻击方式

1. 假冒标签或阅读器

在阅读器与标签的通信过程中，攻击者假冒标签与合法阅读器进行通信，或假冒阅读器与合法标签进行通信，从而达到冒充合法标签（或合法阅读器）的目的，以欺骗对方从而通过系统认证。因此，在阅读器与标签的通信过程中，认证通信双方的身份至关重要。

2. 消息重放攻击

攻击者通过窃听并收集、记录标签与阅读器之间的认证过程消息，然后在某个适当的时候，重新发送已收集的消息给另一方，以期通过接收方的认证，从而达到通过系统认证的目的。为防止此类攻击，须对消息的新鲜性进行严格验证，以防止认证过程的消息被重放。

3. 中间人攻击

攻击者作为秘密第三者，拦截阅读器发送给标签的消息，然后计算出自己的伪造消息，并将伪造消息发给标签。标签收到伪造消息后，如果对其验证成功，则标签会计算出相应的消息并发送该消息给阅读器，攻击者可再次拦截此消息，然后再次计算出自己的伪造消息并发送给阅读器。通过此种方式，攻击者充当中间人的角色，拦截正常通信消息并伪造假消息发送给通信双方，从而控制整个通信过程以达到自己期望的攻击目的。为防止此类攻击，必须对通信双方的身份进行验证。

4. 去同步攻击

如果标签与阅读器共享有同步信息，比如计数器、计时器等，那么标签与阅读器要利用这些同步信息进行相互认证。而攻击者可破坏两者的某次通信过程，使其共享的同步信息经过某次交互后不再保持一致，从而导致双方不能成功地进行下一步交互，最终导致双方的认证或通信失败。为防止此类攻击，通信协议须具有恢复同步（信息）的机制。

5. 拒绝服务攻击

攻击者通过大量恶意消耗标签/阅读器的计算资源、存储资源、网络带宽或使双方通信失去同步，造成被攻击目标不能响应正常的服务请求，从而导致系统异常或瘫痪。为防止此类攻击，通信协议须具有相应的监测机制。

6. 标签克隆攻击

如果攻击者已经攻破合法标签，并获得标签内部的密钥等信息，那么攻击者会利用这些信息复制出与合法标签内部信息完全一样的标签，并用于与阅读器的认证，从而达到通过系统验证的目的。为防止此类攻击，可采用诸如物理不可克隆函数等措施，以防止标签被克隆。

7. 隐私攻击

攻击者通过各种途径获取标签的相关数据，如身份标识、位置、物品信息等，从而侵犯其持有者的运动轨迹、个人爱好等隐私信息。隐私攻击包括：

1）对标签匿名性的攻击。

攻击者通过窃听标签与阅读器的通信过程消息，并分析这些消息以破解标签的身份/ID信息。如果标签的身份信息被掌握，那么攻击者便可很容易地跟踪标签的流通轨迹，从而获取其持有者的运动轨迹信息。

2）对标签/标签持有者的位置跟踪。

攻击者通过获取标签与阅读器之间众多的交互消息，通过分析，识别出哪些消息是目标标签与阅读器的会话消息，从而发现目标标签的相关信息，例如，在人群中区分出具有特定国籍或特定身份的游客。

3）对标签/标签持有者的前向隐私攻击。

在标签的身份信息或密钥信息泄露后，即该标签已被攻破，攻击者利用这些信息，在标签与阅读器的大量后续交互消息中，识别出哪些消息是已被攻破的标签与阅读器的会话消息，从而达到分辨目标标签的目的。

4）对标签/标签持有者的后向隐私攻击。

在标签的身份信息或密钥信息被泄露后，攻击者利用这些信息，在标签被攻破之前的众多会话消息中，分辨出哪些消息是该标签与阅读器的会话消息，从而达到甄别目标标签的目的。

6.4.2 对标签的保护

出于制造成本考虑，电子标签的计算资源和存储能力有限，不能执行计算量较大的安全算法/协议，因此非常容易受到上述各种攻击。在 RFID 技术的实际应用中，要保护标签的信息安全和隐私，可以设计专门的轻量级加密算法和标签认证协议。

目前适用于电子标签的部分加密算法有：分组加密算法 SEA 及其改进算法、PRESENT算法及其改进算法、KATAN/KTANTAN 算法及其改进算法，一次一密算法 RC4、HC-128/256、Grain 等，以及经过改进或裁剪的非对称加密算法等。关于上述这些加密算法的具体详情，读者可通过网络查阅有关资料，在此不再一一介绍。

此外，还可以从物理层面对标签进行安全保护，物理保护的主要方法有：

（1）利用标签提供的灭活命令，例如 kill 命令，将标签永久性地灭活。被灭活的标签，不会再产生任何信号，也不响应阅读器的询问，标签中存储的所有数据也可能被永久删除。

（2）通过标签提供的休眠指令，使标签进入休眠状态，不响应阅读器的任何查询，仅当标签被唤醒指令唤醒后，才恢复正常功能，可响应阅读器的查询。

（3）用金属罩或金属容器罩住标签，暂时屏蔽标签外界的无线信号，防止被恶意扫描。

（4）通过专门设备，主动广播相应频段的无线信号，阻止附近的或恶意的阅读器对标签发起识别或认证。

（5）采用特殊的标签干扰碰撞算法，将一部分标签的信号予以临时屏蔽。此后，如果有恶意阅读器发起对被屏蔽标签的查询，将总是获得相同的响应信息，从而有效地保护被屏蔽标签的信息。

（6）通过刮除标签的天线，从而减小其通信距离，可以防止较远处的阅读器发出的对标签的查询请求，以阻止标签被恶意识别或跟踪。

（7）在标签收到阅读器的查询信号时，先测量两者之间的通信距离，并根据该通信距离，确定用对应的身份级别同对方通信。

参考文献

[1]　王刚，杨兴春. 计算机网络技术实践[M]. 成都：西南交通大学出版社，2019.

[2]　王刚，杨兴春，等. 计算机网络上机实践指导与配置详解[M]. 成都：四川大学出版社，2013.

[3]　华为官网文档中心 [EB/OL].[2020-05-08].https://support.huawei.com/enterprise/zh/doc/index.html.

[4]　计算机网络在线课程-学银在线 [EB/OL].[2020-01-18]. http://www.xueyinonline.com/detail/205608594.

[5]　华为技术有限公司.HCNP 路由交换实验指南[M]. 北京：人民邮电出版社，2017.

[6]　田果，刘丹宁，余建威. 高级网络技术[M]. 北京：人民邮电出版社，2018.

[7]　杨兴春.RFID 系统安全协议研究与设计[D]. 成都：电子科技大学，2017.